U0502574

工作 2.0

做自己想做的

[日]中田敦彦　著

洪欣怡　译

中国科学技术出版社

·北京·

RODO 2.0 by Atsuhiko NAKATA/ISBN：978-4-569-84259-2
Copyright © 2019 by Atsuhiko NAKATA
First original Japanese edition published by PHP Institute, Inc., Japan.

Simplified Chinese translation rights arranged with PHP Institute, Inc.
through Shanghai To-Asia Culture Co., Ltd.

北京市版权局著作权合同登记 图字：01-2020-4034。

图书在版编目（CIP）数据

工作 2.0：做自己想做的 /（日）中田敦彦著；洪欣怡译 .
—北京：中国科学技术出版社，2020.9
ISBN 978-7-5046-8744-9

I. ①工… II. ①中… ②洪… III. ①成功心理—通俗读物
IV. ① B848.4-49

中国版本图书馆 CIP 数据核字（2020）第 138573 号

策划编辑	申永刚　赵　嵘	
责任编辑	申永刚	
封面设计	马筱琨	
版式设计	锋尚设计	
责任校对	张晓莉	
责任印制	李晓霖	

出　　版	中国科学技术出版社
发　　行	中国科学技术出版社有限公司发行部
地　　址	北京市海淀区中关村南大街 16 号
邮　　编	100081
发行电话	010-62173865
传　　真	010-62173081
网　　址	http://www.cspbooks.com.cn

开　　本	880mm × 1230mm　1/32
字　　数	115 千字
印　　张	6.5
版　　次	2020 年 9 月第 1 版
印　　次	2020 年 9 月第 1 次印刷
印　　刷	北京博海升彩色印刷有限公司
书　　号	ISBN 978-7-5046-8744-9/B·57
定　　价	59.00 元

（凡购买本社图书，如有缺页、倒页、脱页者，本社发行部负责调换）

谁都可以做自己想做的事过一生

许多上班族，不管是全职还是打零工的，都对工作单位颇有不满。如果晚上去居酒屋，你会发现那里坐满了工薪族，正在没完没了地发牢骚。

"我的上司，真是死脑筋！"

"我的下属，都是些没用的家伙！"

"我们公司就因为这样才不行啊！"

然而，这绝不是"没有意义的牢骚"。正因为他们打心底里"希望公司变得更好"，所以才会产生这样的不满和抱怨。我觉得怀抱这种心情的人非常了不起。

但我要明确地告诉你们，这些抱怨的人是不可能改变公司的。因为决定公司生存方式的人是经营者，受雇者没有置喙的余地。

也许你会听到这样的声音。

"哎呀！如果公司能接受我的提案或建议就好了，为什么就不能做我想做的事呢？"

当然，如果你的方案或建议在公司允许的方向内，那就完全没有问题。

但是，请试着想一想。如果你有建议或方案，也就是说你有"想做的事"，那为什么想不到自主创业这条路呢？

如果自己成立公司、从事经营，就可以做自己想做的事，又为何要特意成为"受雇者"，使自己受人制约而感到不满呢？

恐怕是因为你从没想过要当经营者，只有一个"受雇者"的身份吧。

大家都想过要进入好的公司，为了好的待遇而工作，却从没想过要自己闯出一番事业。我觉得这已经变成日本上班族的"脚铐"。

这种视野上的狭隘会进一步影响人们对自身可能性的判

断，最终导致工作选择面大幅变窄。

而现今"工作方式"正不断发生巨变：守着终身雇佣制度，一直做同一份工作的时代已经过去了。

当下大企业也会遭遇破产，随着人工智能和科学技术的发展，职业本身消失的例子也会逐渐增多。

在此背景下，工作中的人们不应该只考虑"受雇于优秀企业"，而更应该以广阔的视野，去创造自己的专属新型工作方式。

这么说是因为我和大家一样，都属于"被雇佣的工薪族"。我在一家叫"吉本兴业"的公司工作，挣着固定工资。

但近年来，我在充当"受雇者"的同时，也在招募人员做自己想做的事，逐渐展现出"雇佣者"的一面。

从东方收音机（Oriental Radio）⊖活动延伸出去，开始从事商品制作、策划歌舞组合"RADIO FISH"的活动等，在获得公司许可的同时，一点点开辟出通向"想做之事"的道路。

我从去年开始创办的线上沙龙"NKT Online Salon"，现

⊖　东方收音机：日本人气搞笑双人组。

工 作
做自己想做的
2 . 0

在也已经发展成两个，一个是Oriental Radio、RADIO FISH等粉丝汇集的俱乐部式沙龙"UNITED"，另一个是跟我一起学管理、共同协作的管理补习班式沙龙"PROGRESS"。

通过线上沙龙，我向别人传达自己"想做的事"，募集能够跟我一起实现目标的伙伴，拓展了更多的可能性。

2018年秋天，我创立了一个名为"幸福洗脑"的品牌，开启了服装制作、销售等新事业。

不拘泥于一种职业、一家公司、一个地方。像这样，我的工作方式不局限于某一处，持续变化着。

在一个地方不仅仅"受雇佣"，更要引入"雇佣"的观点，在随时变化和进步的同时，实现自己"想做的事"来度过人生。

我想把这种新时代的工作方式，命名为"工作2.0"。

"工作"本来就比大家所想象的更自由、更具有灵活性。它把众人的才能和想法有机结合、发散，不断重复，是一种令人激动的行为。人类就是这样编织了历史。

工作是什么？挣钱又是什么？自己的可能性在哪里、如何找到？我想从把握契机的方法、具体的技巧到对下一代的展望这几方面，传达自己的想法。

想要快速了解技巧的人，可以只阅读每个章节归纳的"中田（NKT）工作术"。

如果你们能从本书中拾得一些启示，从而改进自己的工作方法，这将会给我带来我无上的快乐。

中田敦彦

2019年2月

前言

谁都可以做自己想做的事过一生

工作
2.0
目录

第 1 章
不要被迫工作
而了结人生！

脱离螺丝钉的道路

☐ 最开始当组织的"螺丝钉"就好了！　　2

☐ 无法实现想做的事的原因是准备不充分　　7

☐ 奋力做上司未交代之事的人会晋升　　13

☐ 越优秀的人越能在快速掌握技术后辞职　　19

☐ 与其追求"顶点"，不如寻求适合自己的位置　　23

☐ 工作是"对他人有益的时间消耗"　　29

第2章

不要拘泥于"价值至上主义" "内容至上主义"

关于"工作方法"的误区

☐ 日本人缺乏"经营者教育"　　34

☐ 如果只为"价值"而工作，终会感到疲惫　　42

☐ 你成了"吃亏的匠人"吗?　　48

☐ 长时间工作一点儿都不伟大　　55

☐ 追逐社会塑造的形象没有意义　　61

☐ 我想做什么? 为什么想做这件事?　　67

☐ 什么时候会对工作厌倦?　　74

第 3 章

"想做的人+能做的人"
就能创造奇迹！

优点的寻找和使用方法

☐ "与人的差异"都是才能　　82

☐ 饿的时候去看看自己的"冰箱"！　　88

☐ "稀松平常"的个性组合起来就能变成"卓越的才能"　　94

☐ 让劣势反转！　　98

☐ "想做事的人"和"能做事的人"，你想成为哪一种？　　104

☐ 人的才能要通过显微镜观察　　110

☐ 不需要"厉害的武器"，捡起脚边的石子用力扔！　　116

第 4 章

职业崇拜是
没有意义的!

建议你"想做就做"

☐ 如果能得到钱,在那个时间点你就是"专家"　　122

☐ 积累微小的成功体验会强化内容　　126

☐ 让自己出丑!　　130

☐ 在分配工作前,自己先试一试　　134

☐ 商品的质量可以由"故事"弥补　　137

☐ 正因为在其他行业,才能贯彻不合常理的创意　　145

☐ 说出想做的事!说完后就去做!　　149

工 作
做自己想做的
2 . 0

第5章
了解时代并创造利益

中田式创意思考法

☐ 在每天的消费行为中蕴含着经营的启示　　158

☐ 想法没什么了不起　　163

☐ 在社交平台上说真话！　　166

☐ 要真心尊重成功案例　　172

☐ 厌恶、不擅长？所以你才要学会尊重！　　179

☐ 丢下书本，去国外！　　185

☐ 今年还不属于任何人　　189

结束语　当战士成为勇士的那一天　　192

第 1 章

不要被迫工作
而了结人生！

脱离螺丝钉的道路

"我不想当组织的螺丝钉!"

"我讨厌被公司随意使唤!"

你也许直言不讳抑或暗自腹诽。

但我在这里明确告诉你,这种认知是错误的。

只要你被公司雇佣,你就确确实实成了一个"螺丝钉"。

企业经营者做的事是"生产"。

生产是指把自己的钱作为本金开始创业,以期获得更多的利益。企业经营者创办的"企业"就是生产体系。

为了让这个体系运转,企业经营者投入资金,准备原材料、场所和设备。同时,也募集能在这里工作的人。

与此相对,聚集在这里的人叫作劳动者。

劳动者付出"劳动"帮助企业经营者实现目标,并得到相应的酬劳。所有公司都是按这种框架运作的。

无论这个公司是否盈利,都必须给予劳动者与其付出所对等的报酬(也会有公司不这么做,但这是违背资本主义规则的坏公司)。

然而,企业经营者却得不到相应的保证。

成立公司所投入的大量资金不一定能够收回。如果公司不能盈利，就有可能破产甚至落到一文不值的境地。

企业经营者拥有决定权是以这种风险为代价的。

那么，我们来设想一下。

如果你经常嘴里喊着"不听基层的意见，上面的人真是笨蛋"，那你就大错特错了！你要知道你的身份没资格表达自己的意见。

你只是一个螺丝钉，就算升职也只是一个螺丝钉。无论是成为部长还是专务，只要不是老板，就只是一个螺丝钉。

不甘心吗？

如果不甘心，就自己冒着风险成立一家公司。

在组织中提高自由度

虽然我在开篇说的话比较严厉，但这并不是为了让大家意志消沉，而是为了激励大家。

我这么说是为了告诉大家"脱离螺丝钉的道路"是存在的。

第一步就是要事先了解刚刚所说的规则——资本主义的构

成。"构成"指的是事物的基本构造和原则，总体来说非常简单。但若想要把简单的事物解释清楚，就不得不列举极端情况。

工作方式有两种（雇佣和受雇），在讲述这一原则时，是没有余地来解释"例外"或"介于两者之间"的。

那么这一原则在现实世界中如何体现？

工作的人真的不得不成为螺丝钉吗？

不，介于两者之间的情况是真实存在的。

例如，"中间管理层"从字面来看就是这种情况。

即使是螺丝钉，也被授予了和其地位相当的权限，可以自己斟酌确定商品的内容、制订策划方案、给部下分配任务、征集想法择优入选等。

当然，这些权限内容受到一定制约，比如所做的决定不能和上层的方针相矛盾，预算要在上层决定的范围内等。

也就是说，他们不能做"自己想做的事"，必须始终按照"上层的想法"去做。

"这就是问题所在啊!"中间管理层中有人如此感叹。

上层的决定和自己的意见冲突，上层的方针违背自己的原则，不得不命令下属执行连自己都不赞成的上层指示……中间管理层始终饱受夹板气。

如果讨厌这样，就只能自己创立公司了……

这就又一次回到了最初的二选一状态。

但是大概不会有人因为"不想当螺丝钉"就突然辞职吧。在没有资金和技术的情况下去创业，也太鲁莽了。

此时，采用"在组织中逐步提高自由度"的方法才是上策。

"身为螺丝钉，我能做到吗?"

能!

也许现在你对职场的大部分不满也可以就此解决。

中田工作术 ❶

在现在的组织中增加"能做的事"。

无法实现
想做的事的原因
是准备不充分

工作
做自己想做的
2 . 0

正是"有想法的螺丝钉",才会为上层决定与自己意见存在分歧而苦恼。这类人经常在口中抱怨"想做的事实现不了":商品策划案没通过、成本削减方案没通过、业务提效方案没通过……涉及的内容多种多样。

"上面真是死脑筋!""多听听基层的声音啊!"这时候你已经知道发这样的牢骚是毫无意义的。

重要的是要彻底地、细致地、周密地分析申请被驳回的原因。

例如,"上面真是死脑筋"中的"上面"指的是谁?是说"这个策划案不行"的直属上司?还是更上一层的领导?

在组织里一定有做决定的"人"。

最终说"不"的不是"上面"这种模糊的集团,而是一个人。我们首先要抓住这种关键人物。

其次,要思考这个人为什么会说"不"。

如果可以直接问就直接向关键人物请教,如果对方高不可攀,就通过中间人询问缘由,掌握相关情况。

这样,你就会明白在你看来"莫名其妙的拒绝"背后,其实隐藏着出人意料的原因。

例如,"因为如果听取了一个人的建议,那么其他人也会开始发声,太麻烦了"。虽然这理由听起来很无聊,但这种例子却很常见。

针对这种情况,有一个办法。

就是把自己的意见说成是"关键人物的想法"。提出方案时,不直接表露自己的意见,而是告知对方这是自上而下的项目规划。如果使用这种形式,对方就没有理由反对了。

当然,你也会遇到与关键人物想法不一致的情况。

假设你向上司提出"经费削减方案"。

但上司反对道:"如果通过你的经费削减方案,我们就不得不和长年保持交情的老客户断绝关系,我可不愿意。"

如果你执意坚持"无论如何都要通过自己的方案",那么上司也会变得非常强硬。

此时,考虑通过其他方法来达成"经费削减"的目的会更加有效。在不和老客户断绝关系的前提下可以实现经费削减吗?能和其他客户保持友好关系吗?也许我们能探索一下类似的解决方法。

像这样,分解要素、探究原因,然后提出可行的方案进行交涉才是谈判的核心。这么做，上司也会佩服你的干劲，进而成为你的支持者。

通过这种方法，作为受雇者的我也做到了自己想做的事。

自己出资制作商品、聚集成员，成立名为"RADIO FISH"的歌舞组合，制作音乐录像带……

一次次做到本来不被允许的事，是因为我查明了"是谁不同意、讨厌的是哪个部分"，并在此基础上与他们进行了交涉。

不能因为"不行"而回到原点

在我看来，周围的年轻人都特别容易放弃。

被别人拒绝后，口中喊着"不行"而空手而归的年轻人的确很多。我希望他们在面对拒绝的时候能再坚韧一点。

例如在录制节目时，我经常和共同登台的演员一起拍摄动画上传照片墙（Instagram）。每当此时我都会事先拜托年轻的工作人员："能不能帮我去征求一下对方的同意？"

"好的，我这就去问！"他迈着轻快的脚步飞奔而去。

"好像不行!"他又迅速地带回来令人失望的答案。并且,他没有询问原因。

"为什么说不行呢?"

"哎呀,就是说不行!"

就像这样毫无收获。

于是,我让他再去问原因。

得到的答案是"因为还没有化妆"。既然不是著作权、肖像权之类的难题,就不算是特别大的障碍。

其实我只是想告诉大家"今天我和这位嘉宾在一起,过得很开心",因此我希望他再去确认一下"拍摄背影是否可行"。

即使是背影,有时候也会被拒绝。

"背影也不行,因为衣服不合适……"

即便如此,还是不能放弃。

"那么,只录制声音可以吗?"

因为如果那位嘉宾一边说话,我一边拍摄动画的话,就可以充分展现愉快的氛围。

经过以上的一系列交涉,终于得到了对方肯定的答复。

但请等一下。如果最开始就问一下"为什么不行",工作人员就可以大大减少往返双方休息室的次数。

因此，他在一开始就应该明白做这件事的根本目的是向大家"宣告"。

同时，他也必须认识到有多种方法可以实现这个目的。

不管是自己想做的事，还是受人之托，都必须树立"目的"和"方法"这两方面的意识。只要扎扎实实地准备，无论存在多少"不行"，都能转化为"可行"。

中田工作术 2

"自己原本想要实现什么？"要明确做事的目的，并且为了达到目的尽可能提前做好多种准备。

奋力做上司未交代
之事的人会晋升

工 作

做自己想做的

2 . 0

我觉得人分三种。

A：能按时做好上司交代之事的人

B：不能做好上司交代之事的人

C：会做上司未交代之事的人

这三种人中，你觉得自己是哪一类呢？

例如，三人被上司要求"5分钟之内把这个文件准备4份，放在桌上"。能准确执行这个命令的人是A。

如果只准备了3份文件、上下位置放反了或者花了约7分钟，那么这个人是B。

A和B相比，公司欣赏的当然是A。

那么，C会怎么做呢？

C会设想：为什么这个文件要在5分钟内放好呢？肯定是因为有客人要来，这文件是与客户会谈所使用的资料。

"那么，是不是也需要准备饮料呢？"C想。

于是，他除了放置资料，还提前去泡了红茶。

与A相比，C就成了"机灵人"。

对，这三种人中最有出息的人是C。

这类人总是在思考目的。他们在接到指示后，会去设想为什么必须这么做。因此，他们必然会产生其他想法以便更好地实现目标。

但，因为是"设想"，所以无从得知这是否和上司的意图一致。

"别做多余的事，我已经为这位客人准备了香槟，不要什么红茶!"被上司拒绝的可能性也很高。

如果这样，那么还是A的做法更稳妥了? 如果会惹上司生气，是不是还是老老实实待着更好?

绝不是这样的。

危急时刻才能"擅自行动"

"不要做多余的事，不要做自以为是的事。"

C类型的人，也许会经常因此惹上司生气。

"你只要做我交代你的事就好了!"这是上司面对"螺丝钉"时所说的经典语句。

但是，你不必因此灰心丧气。因为"擅自行动"是一种

"惹人生气的好办法"，甚至可以说应该学会用这种方式不断惹上司生气。

接下来，我们就来进行深入思考。

"擅自行动"即使是在前文提到的"想做的事无法实现"的情况下也十分有效。

前文所说的"要不屈不挠地交涉"是所谓的正面进攻法。

虽然这种方法比较可靠，但缺点是耗费时间。

"如果现在不立即简化操作，就会赶不上期限，但又联系不上上司"，这种情况下，正面进攻法无法从容应对。

此时就只能依靠"违规技术"来发挥作用。

这是一种根据自己的判断，在没有获得许可的情况下使用的"招数"。

运用这项技术的关键是要把握好"原则上不被辞退的尺度"。比较运用技术后产生的优势和违反规则受到的惩罚，权衡两者之后，如果带来的影响仍然是有利的，那就去实施。

即使事后惹上司生气，只要一个劲儿地低头道歉就总能解决。

顺便说一下，我在这种场合经常使用的方法是"装傻"。

例如，我通过推特（Twitter）擅自发布了"还未公开的信息"。上司生气地质问我："你在干什么？"对此，我的反应是一脸呆滞："啊？难道还没有公开吗？对不起，对不起，我忘了……"

也许有人会想，这个家伙干吗这么做？但其实我是有正当理由的。

比起在官方网站公开信息，社交网站的传播速度更快，我本人真实声音的影响力也更大，所以当然要采用效果更好的方法了。

我的想法是：如果你觉得某种行为可以产生好的结果，就不妨试试。不，就算结果不好，但你觉得可行，也可以去尝试。

因为我经常这么做，所以总是惹上司生气，甚至还因此而给位高权重的人道过歉。

如果大家想要实践这种方法，就要承担被认定为"问题人物"的风险，所以需要事先做好心理准备。

然而出人意料的是，企业上层对这类人的评价却很高。

在经营者看来，比起"只做被交代之事的员工"A 和"连被交代的事都完不成的员工"B，"做未交代之事的员工"C 更加难得。

为什么呢？

因为做未交代之事，这一行为蕴含的是对未来的判断、有创意的想法以及"觉得可行"的态度。如果一个人没有把眼前的对象或公司的利益放在首位，就不可能采取这种行动。

这么一想，当公司真心寻求优秀人才时，应该录用C类型的人。

例如，当争执出现、以现有手段无法维持局面时，如果依靠只听上司吩咐做事的员工A是无法渡过难关的。相反地，如果是经常擅自行动的员工C，就会在关键时刻涌现一些新想法。

此时，就连平时喜欢乖顺听话下属（员工A）的上司，也想"破天荒地把这个工作交给自由随性的下属（员工C）"。

这就是我说C最有出息的原因，你们明白了吧！

中田工作术 3
在不被辞退的范围内，做上司吩咐以外的事。

越优秀的人越能在快速
掌握技术后辞职

从以上事例我们可以得知，"做想做的事从而得到晋升"要满足三个条件。

• 要拥有想象力去推断"追求的是什么、如何用最好的方式达成"。

• 要有正当目的（可以为了公司、社会，不能为了"自身利益"）。

• 不要使用达到被辞退程度的"违规技术"。

如果具备这三项条件，即使做一些任性的事也没关系。这类人除了能做想做的事，还能作为有前途的人才受到器重，同时也能在组织中提升相应地位。

那么，到这里是不是就可以脱离"螺丝钉"的身份了呢？

答案是否定的。

请回忆一下，我说过，无论如何晋升，只要不成为经营者，"螺丝钉"就还是"螺丝钉"。

无论是多么"有发言权的螺丝钉"，只要仍然身在这个组织，其话语的影响力都是有限的。

因此，我想对大家说，希望你们把"总有一天要辞职"记在心上。

我明确告诉你们，不想从公司辞职的员工不是好员工；越是优秀的人，越会感受到"自己无法被这个组织完全容纳"。

下面，我们从雇佣者的角度来思考一下这件事。

公司，特别是日本的公司是无法轻易解雇员工的。

公司的原则是，员工一旦作为正式员工被录用，只要本人没说想辞职，就一直工作到退休。裁员只在万不得已的时候才实行。

为这种"终身雇佣原则"而感到高兴的人不是优秀的人。

因为如果被辞退，这些人就无法生活，所以他们要紧紧抓住公司。

相反地，优秀的人快速地掌握了技术，处理着大部分事务，"要在今后几十年一直重复这些工作，太无趣了"，所以他们对工作不抱有任何希望。

也就是说，公司这种组织成了沉淀非优秀人员的机构。

据说，企业的发展与如何不让"前20%"的优秀人才辞职和如何巧妙地让"后20%"的人离开密切相关。

更令人烦恼的是，后20%的人大部分都尚未意识到自己已经成了公司的"负担"。

如果套用前文的三种人划分方式，可以说前20%的人是C，后20%的人是B，剩下的60%是中庸的A。

我常常想成为C类型的人，虽然身在组织却希望不久之后能拥有一家自己的公司。

中田工作术 4

在心中决定"终有一天要从现在的公司辞职"。

与其追求『顶点』，不如寻求适合自己的位置

工 作
做自己想做的
2 . 0

也许有人会说，"我自认为是会做上司未交代之事的员工C，但大家都不这么评价。就算我说'我想辞职'，也没人会阻拦吧?"

这时候，你可以考虑两种可能性。

第一种情况，过高评价自己。

坦率地讲，这种人相当多。对此，先要试着回忆一下自己曾经做的"任性的事"是否有正当目的，是否仔细考虑过其优缺点，重新回顾这些是很有必要的。在此基础上，如果你可以断言"自己做过的事一定是正确的行为"，那么就可以考虑第二种可能性——这家企业的体制已经变得陈旧了。

越是体制陈旧的企业，打压思维活跃、积极主动人才的倾向性就越强。因为上层的人不想被优秀人才夺取地位。

这大概是古往今来所有地方的组织都会发生的普遍现象。

当一个组织足够成熟，其权力基础就会变得强大，拥有权力的人会紧紧抓住既得权益，新老交替就会变得越来越难。然后，就像参天大树从中间开始腐烂而最终倒下一样，走向终结。

无论是罗马帝国还是江户幕府，都是这样灭亡的。近年来，日本的大企业一个个面临衰退危机，也许就是这种现象的表现吧。

那么，我所属的演艺圈如何呢？

我觉得年轻艺人还是处于难以出人头地的境地。担任黄金时段节目主持人的是四五十岁以上的老手，没能看到像20世纪八九十年代那样，二三十岁的艺人主持的节目被年轻人狂热追捧的现象。

在这种潮流之下，年轻人的才华怎么办？要么就什么都不做地闷在原地，要么走出去寻求机遇。只有这两种选择。

我支持那些走出去的人。

越来越多的年轻人不通过电视而是通过油管（YouTube）展现逗人开心的能力。近来，很多搞笑艺人中的中坚人物也出现在YouTube上，包括"Peace"[⊖]成员又吉直树、"King Kong"[⊜]成员西野亮广等在其他领域获得卓越成绩的艺人。

搞笑界也开始出现"参天大树"。

组织和生命一样都会在产生后走向灭亡。如果你认为自己所属的世界"已经过时"，那么就应该意识到还可以选择离开。

⊖ Peace 为日本搞笑组合。
⊜ King Kong 为日本搞笑组合。

工作
做自己想做的
2 . 0

不可能全员都成为奥林匹克选手

当然，我并没有否定"不辞职的人"。

不辞职的人各有各的理由。

如果你抱有"总有一天要成为这个公司负责人"的想法，我当然希望你为之努力。

也有人说，"我为了家人，想要得到稳定的收入""我不是埋头工作的人，只要获得生活所必需的收入就满足了"。这些也都是应该受人尊重的生活态度，因为这条道路是自己决定并认同后做出的选择。

我要事先在这里明确，我说的"应该抱有辞职的想法"，针对的是那些始终心情郁郁不快、说"不愿意维持现状"的人。

另外，我说的"摆脱螺丝钉的道路"不等同于"以向上为目标"。

我从没说过人们"一定要获得成功""要以顶点为目标"。

"人生一定要成功"，这只不过是一种误解。追求比别人更好的学校、工作、地位、经济状况是没有必要的。

我想告诉大家的是不要让自己待在"比别人更好的地

方",而选择"自己应该在的地方"。

世界上有丰富多彩的职业,虽然每个职业都会随时代或社会的结构变化而产生、消失,但无论哪个职业都是某个时期所必要的。

在体育的世界里,既有奥林匹克选手也有教练,还有体育用品店的店员。所有这些工作都有存在的意义。

"向上冲"要求所有人成为奥林匹克选手去争夺金牌。那么,除了夺得金牌的人,其他所有人都无法得到满足,难道你不觉得这样的社会很奇怪吗?

所有人都身处与自己的能力素质相称的位置,在感受自己生存意义的同时得到自我满足,这才是最好的事。

你也许会想"那么在这个世界上生存不是很容易吗?"

然而事实并非如此。

请回忆一下,正如前文所说的那样,世界是不断变化的。

职业会适应时代的变化而新生或消失。

组织也会在成立和衰退之间循环往复。

进而,每个人的愿望也会不断发生变化。本打算在某个地方获得满足,但不久后就厌倦了、无聊了,开始向往别的道路了。这种事情屡见不鲜。

　　像这样，在这个不断变化的世界中，你会不断地和某个组织或个人遇见、告别，然后再遇见。正是在这种动态变化中，才产生了蓬勃发展的经济。当你在向上追逐的过程中，世界已经骤然改变。

中田工作术 5

试着问自己"现在所处的位置落后了吗?"

工作是『对他人有益的时间消耗』

工 作

做自己想做的

2 . 0

如果被人问道"难道你没有在追求成功吗?",我会立即回答:"当然在追求!"

但,我说的是"让现在正在做的事获得成功"。

对我来说的"成功",是在启动一个项目并取得成果后,让所有相关的人收获喜悦。

作为艺人的时候,我想在搞笑界、音乐界收获成功。如今,我想在服装界掀起飓风。

"你就不能在一个特定的领域发展吗?"虽然有时会受到他人的质疑,但我就是那种无法"专一"的人。

我从来就没有想过自己要一直当搞笑艺人、一直从事音乐创作或是一直经营服装事业。

不怕人误解地说,我觉得自己现在正在做的事其实并没有多大意义。

我现在沉迷于刚刚创立的服装品牌"幸福洗脑"。

当然,我非常想让这个品牌获得成功,但它是否能成为热点、是否畅销对地球的存在毫无影响。

Oriental Radio、RADIO FISH的活动也是一样。我明白这

些事都无足轻重，但也不会因此而敷衍了事，总是全力以赴地去对待。

有人会问"那么，为什么要工作呢?"

答案很简单，因为"闲"。

如果要解释人类工作的原因，那就是因为空闲。

如果有了一辈子生活无忧所必需的钱，那么这个人究竟是否会通过闲逛或闲躺的方式度过人生?

恐怕不会。否则，他一定会无聊至死。

人是一种"有时间就想做些什么"的生物。同时，如果可能的话，想做"对周围的人有益的事"，想给身边的人或集体或是社会带来快乐。

这就是我对"工作"的理解。

工作是"对他人有用的时间消耗"。既然是消耗时间，那么不畏惧风险、快乐地工作一定比一脸不满地工作更好。

而且，最好做不受人使唤、"不被迫"的工作，做与自己性格相适应的"想做的工作"。

这就是我认为的理想工作方式。

快乐地工作，不要被人使唤着结束一生。

第 2 章

不要拘泥于
"价值至上主义"
"内容至上主义"

关于"工作方法"的误区

日本人缺乏『经营者教育』

近年来,"工作方式改革"这个词到处传播。那么,这个应该改革的"工作方式"是什么呢?

工作原本指的是什么?令人意外的是,我们都不知道。

我不得不去想,日本人对"工作"概念的认知中存在很多缺失和误区。

感受到这一点,是因为我在这几年给自己实施了"工作方式改革"。

在这个过程中,既有顺利的地方,也有受挫的地方。但无论是哪种情况都有多种多样的发现。

这一章,我想基于个人经验,阐述"关于'工作'的误区"。

日本人到现在也不明白:只要不成为经营者就没有决定权,这是资本主义的一大原则。

前文中提到,身为"螺丝钉"的员工发泄不满说"干吗不让我做想做的事!",这种牢骚本就毫无道理,就算想一些办法提升自由度,个人的行动也依然受限。

并且,在"螺丝钉"们的不满中还有一个地方很奇怪。为什么他们当中几乎没有人考虑过自己成为经营者呢?答案很简单,因为大家竟然不知道"只要成为经营者就可以获得全部的决定权，就可以做自己想做的事"。这和经营者给人的印象过于模糊也有一定关系。

我认为这是受日本教育的影响。

在美国以及欧洲资本主义国家，资本主义原则是小学就教授的知识，但日本的学校从第二次世界大战之后一直到现在都没有教过。

你们还记得在社会课上学的农业和工业的知识吗？

还记得听老师讲授米和工业制品是如何制作、如何流通的内容吧？但是，关于农场、工厂还有公司是如何运作的，恐怕没有学过吧？

这是因为日本是一个只持续生产"劳动者"的国家。可以说学校的作用就是为社会培养和输送尽可能多的勤劳、乖顺的"优质劳动者"。

实际上这一点可以说是成功了。支撑20世纪70年代初期经济高速发展的人是被称为"猛烈员工"的超级劳动者。就连在20世纪80年代后半段的泡沫经济时期，也依然像电视广告宣传语"你能24小时工作吗？"所表现的那样，那些精力旺盛的劳动者会受到赞扬。

与此相对，关于公司经营者，别说赞扬，连他们的存在都很少提及。

为什么？因为我们错误地把"工作等同于劳动"。

这大大局限了日本人的工作视野！我觉得这可以称得上是"日本的悲剧"般的损失。

"雇佣方的声音"太微弱！

日本人被要求"从好大学毕业然后进入好公司"，但没有被教育"要创立事业然后付钱雇佣别人"。

也就是说，日本人只被教育"做一个工薪族"，而不是"做一个好的经营者"。

因此，人们的想法也必然会受局限。

一提到"工作"，主要话题就是"如何挣大钱"。

几乎没有人从反面思考过这个问题。

没有人去想"拿出多少钱能让别人为我工作呢"。

我在参与了Oriental Radio和RADIO FISH的商品制作之

后，才开始去考虑"如何让别人为我工作"。

采购原材料、产品设计等，需要别人协助的机会多如小山。

当然，因为对市场报价毫无感觉，最初的我是一头雾水。

但经过试探、摸索着谈判之后，我每次都能有所发现："呀，这个价格不够!""啊，这个价格能让别人接受!"

这是非常令人激动的体验，如果可能的话，我希望能在学生时代就充分学习、感受这个过程。

随着对这一过程的渐渐习惯，我开始明白经营是一个"游戏"。

如果销售成果所得到的利润比准备的材料和向被雇佣者支付的费用加起来还多，那就是"胜利"。相反，当材料费和人工费超出所获得的利润就是"失败"。每一次，不同的项目会产生胜利或失败两种不同的结果。

"经营"这项工作乍一看很难，但我觉得其本身蕴含的简单快乐能激发人的本能。

基于以上因素，经营者设定了防止亏本的资金限额。

如果明白这一点，那么你就能意识到即使在搞笑演出中，获利最多的也依然是"东家"。

例如，在"吉本兴业剧场（LUMINE the YOSHIMOTO）"[⊖]举办的活动。

其门票是4000日元，假设来500个客人，毛利润就是200万日元。在考虑到演出艺人的人数、各种出场费的情况（前辈和晚辈的演出市场价大概可以估计）之后，你就会吃惊地感叹"东家（吉本）真是赚翻了！"然而，艺人们好像对于这件事完全没有兴趣。

如果不学习什么是经营，那么无论多优秀的工作者都只是"听话的劳动者"。

如果这种状况发展到极致，就会陷入"外包""生产过剩（大量生产）""价格战（价格破坏）"的劳动"陷阱"。

这无论对公司职员还是自由职业者来说都一样。这真是一种低效的工作方式，难道你们不觉得吗？

⊖ 日本搞笑剧场。

工 作
做自己想做的
2 . 0

可以身兼两职甚至多职

站在雇佣者的立场，你学会的不仅仅是考虑得失，还会产生"想要帮助别人"的意愿。

如果你的朋友或熟人虽能力突出但没有工作，并且还在为此而苦恼，你就会涌现这样的想法：有没有什么工作可以委托他，帮助他改善生活呢？

这不是什么难事。就算只是一个劳动者，也可能以个人名义单独委托他工作。

我希望大家不要误解，我不是让大家"一定要创业"。

创业的人也好，受雇佣的人也好，两者都是社会不可缺少的存在。

但我想强调一点，希望你们不要把受雇于人作为唯一的选项。

在被雇佣的同时，既可以发展副业，也可以利用副业雇佣别人；既可以身兼数职，也可以追求有一天去自主创业。

如果每个人都能拥有这种灵活的想法，日本人的工作方式会更加多彩、更加自由。

作为受雇者，也可以在别处接受工作、尝试发展副业。

如果只为『价值』而工作，终会感到疲惫

日本人对"雇佣者"缺乏想象不仅仅是教育的原因,大众媒体似乎也是其"帮凶"。

奥特曼、假面骑士等这些在日本颇受欢迎的英雄中几乎没有角色是企业负责人,你们难道不觉得奇怪吗?

另一方面,观看美国的电视剧或者电影,我发现有很多"企业负责人类型的英雄"登场。

例如,《蝙蝠侠》中,主人公布鲁斯·韦恩经营着一家大企业——韦恩集团。他是一个在公司中掌权、手握巨大财力,同时维持城市治安的帅气英雄。

还有,《钢铁侠》的主人公托尼·斯塔克是大型军需企业斯塔克工业的经营者。他是一个罕见的以头脑从事革新发明,用技术的力量改造装备与恶势力斗争的人物。

顺便提一下,2008年电影版中托尼的原型是特斯拉公司的CEO埃隆·马斯克。把真实的经营者作为美国漫画英雄的原型,在日本还是难以想象的。

那么,在日本什么职业的人成了英雄呢?

如果大致浏览受欢迎的电视剧主人公,你会发现警察或与警察相关的人、医生,还有检察官、律师的英雄角色比较多。

工 作

做自己想做的

2 . 0

"具备国家认可资格的英雄真多啊！"这是我对此产生的印象。

引导人们憧憬具有国家权力和亲和力的工作，也许在某些方面存在这种需求吧？媒体大概也遵照了这种指示。但我觉得作为资本主义国家，"上面"的管制过于严格了。

另外，日本所谓的"大企业的负责人"是以什么形象呈现的呢？

大家也可以回想一下看过的电视剧中的企业负责人形象。大腹便便、在高级酒店说着不怀好意的花言巧语，让女性侍候着、笑得色眯眯的、贪得无厌的男性……

难道不是这种印象吗？

我觉得这是一种让人把"赚钱"误解成"贪婪"的印象操纵。

不想让国民拥有"创办企业挣大钱"之类的欲望，希望大家只停留在做一个优秀雇员的位置上，这是日本已经延续很久的"做法"。

这种做法，在受美国庇护、向经济大国发展的20世纪80年代之前是有意义的。

但那个时代已经过去很久了，如今我们对"挣钱"要保持更平和的态度，恢复平衡的价值观。

这一点对于提高日本的国际竞争力也是十分重要的。

既要"金钱"，也要"价值"

日本人容易对"赚大钱的人"抱有恶意，与此相反，对"把金钱置之度外埋头工作的人"抱有难以理解的敬意。

这种不可思议的现象反映的思想是："金钱"和"价值"是对立的。

"能赚钱但无价值的工作""不能赚钱但有价值的工作"经常听见这样的话语。你不觉得有点儿怪异吗？

这两者的对立与"性格不好的帅哥""性格好的丑八怪"之间的对立十分相似，仔细想想，也很奇怪。

因为也可能会存在"性格好的帅哥"啊！

同样的，"既能赚钱又有价值的工作"也一定存在。

如果身边没有，创造一个就好了。

如果现在的工作"有价值但不能赚钱"，那就去思考与金钱建立联系的方法。

"不，我只要有价值就足够了，不要赚什么钱！"也许会有人如此反驳。你觉得这样没问题就可以。但是，我想反问你：

3年后、5年后，你会一直保持同样的心态吗？

我觉得空虚和枉然一定会一点点涌现出来。

这是有理由的。因为报酬不仅仅是利益，也是评价的标准——甚至是这个人"尊严的源泉"。

价值至上主义的人容易错误地认为只要做体面的工作就能满足自尊心。但这个职业是否体面，无法准确衡量。

例如，我们来设想一下这个问题。

"棒球选手和艺人，谁对这个世界做出了贡献？"

笼统地说，前者依靠球棒建功，后者凭借口才立业。二者从事的都是令人尊敬的职业。

但如果在这里加入报酬这个标准，评价的差异就骤然明了了。

如果棒球选手年收入300万日元、艺人年收入2亿日元，那么就产生了后者为世界做出了更多贡献的印象。

这不仅仅是世间对人的看法，所有工作者在每月确认收入的时候，都能切身感受到报酬是评价的基础。

就算是认为"无论赚多少钱都行"的人，也会有感受到"我努力的结果就值这些?"的瞬间。

这些情绪日积月累，终有一天会让你感到疲惫。我觉得在变成这样之前，请你不要只追求"价值"，也可以考虑一下"赚钱"和"价值"二者兼顾。

中田工作术 8

用"报酬"这个标准来评价自己现在的工作。

"价值至上主义"的人也容易落入"内容至上主义"的陷阱。

也就是说,他们容易错误地认为"只要做出好东西就行了"。

以前在某个电视节目外景拍摄中,我曾经采访过两家面包店的老板。

第一家店的老板正在烦恼:虽然对面包的味道充满信心,但不知为何却卖不出去。

在这家面包店入口,张贴着一个"热销榜",上面罗列的面包有着美味的名字:奶油面包、咖喱面包、豆沙面包。

原来,这家店的招牌是奶油面包!我一边这么想一边进店一看,眼前的感觉真是一言难尽啊。面包毫无章法地摆放着,完全看不出店家想要售卖什么。

于是,我问道:"你们店推荐的面包是什么呀?"得到的回答是:"吐司面包!这是我们精心挑选原料、倾注全部心血所做的!"

那么,为什么吐司面包的位置毫不显眼呢?门口展示的排行榜到底还有没有存在的必要?

是呀。这家店主只是考虑"倾心制作美味的事物",对于

"如何展示商品"毫不关心。

接下来我去采访了另一家面包店。这家店的热销商品也是吐司面包，顾客络绎不绝，生意十分兴隆。

在进店之前我就明白了这家店的面包畅销的理由。

这里张贴着即使在很远的地方也能看见的大海报，背景是排列整齐的吐司面包，上面还有店铺那引人注目的时尚标志。

一进入面包店，映入眼帘的就是收银台旁边大片区域中摆成一排的吐司面包，边上是用黑麦和全麦面粉制作的另一种吐司，剩下的空间则用来摆放点心面包。店家明确地向客户传达了"想要出售的优先顺序"。

除此之外，店铺的内部装修很漂亮，店员的制服也很可爱。这两家店铺营销方式的优劣一目了然。

第一家店的店主想必受到刺激了吧？"我们来试着接受一些对方的建议，请大家自由地提问"，当我抛出这个话题时，这个店主竟然干劲十足地向第二家店的店主提问道："你们的吐司面包味道是怎么做出来的？"

错了，错了。不是问这个吧？

即使我在心中呐喊，他也没法领会。

这就是"内容至上主义"的弊端。

这类人只是糊涂地认为，只要自己专注于做出好东西，就会自然而然迎来理想的结果。也就是说，他们既不知道赚钱的方法，也不想知道。

我一想到这种"吃亏的匠人"也许遍布日本各地，就急得牙痒痒。

想要赚钱，技艺就会衰退？这是骗人的

演艺圈满是这种"吃亏的匠人"，他们似乎有自己的难言之隐。

只追求"有趣"而不思考如何出名的搞笑艺人可真多！

要我说，有趣与否只不过是个人喜好的差别。

火爆的搞笑艺人，肯定有一定的趣味性。

但不火的搞笑艺人就没有趣味了吗？不，他们当中也有很多人非常有趣。

但他们并不火爆。为什么呢？因为他们只考虑"变得有

趣"这一件事。

有趣但不出名的艺人认为我善于经营，经常来找我商量。但是，我们总是话不投机。

"我明年一定要在日本漫才大奖赛中胜出""我要在短剧之王比赛中拿第一"，他们只谈论在大奖赛中的昂扬斗志。

对他们来说，为了在大奖赛中获胜，磨炼技艺是摆在第一位的。好像这是能够出名的唯一方法。

但是，在日本漫才大赛中未获奖的搞笑艺人也有很多活跃在舞台上。于是，我提出了新的观点："如今仅靠有趣已经不够了，应该还有其他出名的方法。"

本来"上电视"就不等于"出名"。

坦率地说，和以前相比，电视这种媒体已经不那么赚钱了，而且活跃在短视频传播领域的人也在不断增加。

进一步说，除"出名"之外还有其他赚钱的方法。甚至有的工作不露脸就能获得不错的收入。

话题聊到这里的时候，对方是一副完全"不知道你在说什么"的表情，于是双方的会谈就这样含含糊糊地结束了。

话语更加不投机的是"不想出名的搞笑艺人"。

虽说想要出名，但是"如果追求赚钱的话技艺就会衰退"，他们陷入了这一迷之困境。

他们说"如果出名的话就不能表现自己想展示的技艺了"。可是当被问道"是否可以做到维持现状"的时候，他们又回答"维持现状就无法生活了"。

对，这就是前面出现的"价值和金钱"对立产生的烦恼。

在此，我想再说一次。

价值和金钱，这两者不是对立的。

技艺也是一样。

大家都陷入了一种误区：认为从事创造性工作的人最好对金钱漠不关心。但事实并非如此。

就连"感觉"这种虚无缥缈的东西，通过分析它如何与世人（即购买群体）的感性相匹配的过程，也可以得到一定的方法论。

无论是画家达利，还是因《坎贝尔汤罐头》这幅画而为人熟知的安迪·沃霍尔，都被当作"商人"。他们细致地分析世界动态或人类感情，并将它们逐渐反映在作品当中。因此，艺术性和商业实际上是密不可分的。

工 作
做自己想做的
2 . 0

　　我们可以在追求趣味的同时寻求赚钱的方法。

　　在普通社会中生活的人们，也应该变得更贪婪，产生对金钱更大的欲望。

　　有趣味又有价值，同时还能赚钱的工作是什么？如果每个人都能对此进行思考和实践，那么日本的未来将会更加光明。

　　因为赚钱是好事，也是最大的快乐。

中田工作术 9

放眼世界，反复思考物品畅销和内容传递的方法。

长时间工作一点儿都不伟大

工 作

做自己想做的

2 . 0

"赚钱=贪得无厌",和这种误解一样,日本人有一种观念根深蒂固。

那就是"长时间工作信仰"。

在他们的价值观中,废寝忘食工作的人很伟大。这可以说是获得与工作时间等价报酬的工作者才有的错误观念。

这些人即使被别人劝道"可以休息一下",也依然说着"不,我不休息"而继续工作,到最后因过度劳动而死。为了解决这个问题,政府在2015年前后提出了"工作方式改革"。

我个人的工作方式改革也大概从此时开始。

事情的缘起,恐怕很多人都知道——向"奶爸"发起挑战。

虽然这个挑战随后发生了动态演变,但一切源于我妻子(福田萌)的求助。

事情发生在女儿刚1岁左右的时候。妻子对我说:"我想多休息休息。"

她说她已经不能再待在家里带孩子了,已经到极限了。

在这之前,我是一个和大多数人一样不分早晚长时间工作的人。

搞笑艺人的工作没有规律，回家也晚，说是休息也只是在偶尔没有工作的时候，和家人的空闲时间几乎对不上，我觉得这都是理所当然的。

一般身为一个搞笑艺人，自己提出要休息什么的，也太不合常理了。

这是只有超级大腕才被允许的事，大家都在默默遵守这个前提的情况下持续工作着。

"不行！如果我说了'请让我休息一下'之类的话，就会收到'日程被作废'的通知。"

最初，我向妻子如此抗争。

但是，妻子的需求太迫切了。

于是，我先试着向经理提出了"每周休息一天"的要求。

这比想象的更艰难。公司当然不会给我好脸色，"奶爸？缩短工作时间？这都是些什么啊？"同行尤其是年长的前辈也有不少人抱有这样的想法。我觉得自己像是逆风行舟。

那么，日程全部作废了吗？完全没有。这确实是杞人忧天。即使实现了每周休息一天，我也能获得稳定的工作。

"如果休息了，就会失去工作"，我曾经受这个观念的误导，连尝试都没有尝试过。休息过之后才发现原来自己可以做到。

"如果搞笑艺人不在曲艺场展示搞笑段子，那就会很快废掉。"我收到过好几次这样的警告，但这也是误解。

Oriental Radio大约3年没有出现在曲艺场了，现在也能安然无恙地参加活动。

我依然能收到来自大学或地方团体的演讲邀约，搭档藤森慎吾也能接到主持或演戏的邀请。

职场的常识、世间的常识，可以用自己的双手去改变。

这个认识是我迈向工作方式改革的第一步。

用"性价比"来衡量工作

我就这样从"每周休息一天"开始了奶爸生活的尝试。

但是，仅仅依靠休息一天并没有解决问题。

我把工作集中在剩下的六天中，从早上干到深夜，还有一天专心为家人服务。当然，我感觉身体已经"摇摇欲坠"。

这样妻子总该满意了吧？谁知，妻子的不满更强烈了，"重要的时候你又不在家！"

妻子需要的不是我每周休息一天，而是希望我能在家务和育儿最繁忙的时间段中（傍晚到夜里）待在家里。

于是，我又顶着职场的压力，在选择工作的时候避开这个时间段。

这比"一周休息一天"的难度更高。因为与把七天的工作量使劲压缩到六天不同，这次需要减少工作本身的量。

因此，我必须要考虑"性价比"。

通过选择单位时间内薪水更高的工作，来实现收入不下降的同时减少工作量。

当时我把手中的工作一个个用时薪换算，只留下性价比更高的。这样我就养成了一个习惯，即使是面对新出现的工作，也要每次确认所需时间和支付金额。

这样做不但成功削减了工作量，而且收入不降反升。

成功的原因是我锁定了性价比更高的工作，并且增加了在家的工作内容。

我很早之前就开始接触的原创商品相关工作，以及下文会详细叙述的线上沙龙相关工作，都变成在家里完成的工作了。

这项工作不是"劳动"而是"运营或经营"，收入和时间都可以自己控制。

就这样，我成功开启了在妻儿身边赚钱的"新型工作模式"。

中田工作术⑩

用时薪换算自己的工作，拒绝性价比低的工作也是一种方法。

追逐社会塑造的
形象没有意义

工作
做自己想做的
2 . 0

经过不懈地谈判实现了工作时间缩短，参与家务和育儿，而且收入还增加了。我确实产生了一种顺利通过"绝对不可能过关游戏"的自负感。

但，这是一种错觉。

2018年10月，我宣布"停止做一个好丈夫"。

我告诉妻子，要"废除"工作结束就直接回家、尽力增加居家时间、早起后跟家人聚在一起吃早饭等规矩，这件事在媒体上也公开了。

大家也许都知道，结果是引发了剧烈的抗议风暴。

"骗子""放弃育儿""返祖现象""精神暴力"，我被人狠狠攻击。关于这件事，我想重新解释一下。

虽然我的本意是努力追求并塑造一个好丈夫、好爸爸的形象，但不知为何夫妻之间的压力水平反而上升了。

我越努力，妻子就越会挑出"没做到的部分"。从家务的做法到休息日的活动，所有事情都被事无巨细地挑出毛病。

这不是妻子的错。

学校老师也好，体育教练也罢，都会给努力的学生指出"没做到的地方"。在尝试做什么的时候，往往会为了追求完美而把目光聚集在"没做到的地方",这是人理所当然的习性。

但是,如果夫妻之间也像这样评分就太辛苦了。我想妻子大概也觉得很痛苦。

而且,对我们来说,"完美"形象是不确定的。

这个世界并不存在好丈夫、好爸爸的理想形象,有的只是现实生活中的丈夫都做不到的——"看起来很厉害"的丈夫形象。

我曾想,我必须成为那种丈夫,妻子也抱有相同的目标。

但,这正是误区所在。

这种形象不是我们夫妻自己创造的,而是在世间自然而然形成的理想形象。强迫自己去套用这个形象是不合理的。

人是有个性的。每个人都优先考虑自己的个性如何为家人带来幸福,这才是原本应有的顺序。

我觉得我们可以自己去塑造"这是我才能做到的爸爸形象""这是妻子才能做到的妈妈形象"。这种形象不一定要和世间所谓的"好家人形象"一致。我决定不再勉强自己。

出于这个原因,我们决定暂时放弃当一个"好丈夫""好妻子""好家人"的目标。

"爸爸论"比"妈妈论"晚了20年

发表了"停止做一个好丈夫"的宣言以后，网上对我的批判猛烈袭来。

其中，小岛庆子女士，虽然谈不上拥护，但对我的宣言进行了冷静分析，阐述了独特的见解。

"作为当事人前所未有地表达了男性的真实想法"，小岛女士在一定意义上肯定了我的发言。

据小岛女士说，到现在为止，女性交换真实想法的场合已经非常多，女人们在"妈妈友"圈子里或网上，在互相聊丈夫、育儿、如何兼顾家务和工作等话题的同时反映出自己的日常生活。

随后她指出，男性在这一点上"落后太多"，他们在与现实生活没有磨合的情况下，就开始想当一个"好爸爸"，结果必然是失败的。

立志当"奶爸"的男性，追求"育儿家务工作兼顾、潇洒又有型"的万能理想形象，这与很久之前女性群体中憧憬的"发光妈妈"的形象是一样的。对于这句话，我深表赞同。

是的，女性们过去也和如今的我一样经历过纠结。

在把"发光妈妈"当成理想形象的潮流中，感受到压力的一部分女性发出了"这样不可能"的呐喊。与其迎合杂志上的形象，不如选择适合自己的道路。

这种动向也发生在所谓符合"昭和时代贤妻良母"形象的女性当中，在2000年兴起的"妈妈博客"上引发了家事争论。

"不用母乳哺育简直不可思议""哪有在便当盒里放冷冻食品的"和"为什么不可以"这种两种观点之间形成了激烈碰撞。在某种意义上，这一争论可以作为无数女性发出的"停止做好妈妈"宣言。

就这样，在意见的激烈碰撞中，女性终于达成了"能做的人就去做，不能做的人也不必勉强"的共识，也就是说形成了尊重多样性的社会。

在男性群体中尚未形成这样的多样性，大多数是秉承昭和精神的丈夫，不协助妻子做家务、照顾孩子，只有很少的一部分丈夫正在摸索着参与育儿，力争做个好爸爸。

此时"奶爸们"追求的归根到底还是"发光的丈夫"，是无论工作还是育儿都能完美应对的爸爸。

对此，我发出了"这样做不行！"的声音。

这样一来，你们就能明白我并不是想"返祖""倒退"了。

如果没有完完全全地面对家庭并付诸行动，就无法了解什么可以做、什么不能做。"做不到的事就是做不到"，我是在亲身体验之后才说的。

发表"停止做一个好丈夫"宣言是为了更好推进好丈夫、好爸爸形象而采取的行动。虽然现在还处于逆风状态，但我希望总有一天会被世人理解。

> **中田工作术 ⑪**
> 不要被社会所创造的形象所迷惑，不要勉强做"不可能的事"。

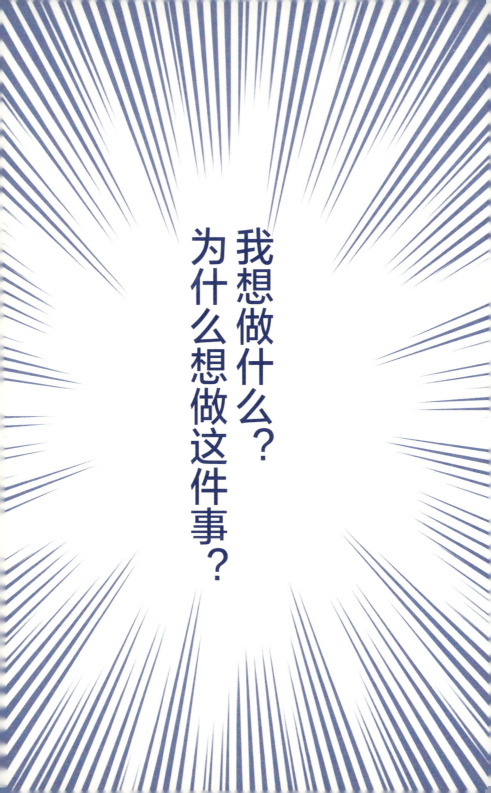

工 作

做自己想做的

2 . 0

我决定不受"好丈夫""好妻子""好家人"这种千篇一律的形象的束缚而生活，同时我也决定重新考虑一下关于"缩短工作时间"的事。

因为虽然我成功缩短了工作时间，但对是否要缩短一切工作时间抱有疑问。

确实，社会上顺应"工作方式改革"潮流而宣称工作时间缩短的企业不断增加，大家纷纷采取"禁止加班""6点以后办公室关灯"等对策。

但工作量本身并没有减少，被赶出办公室的员工把工作带到咖啡店或家里，以此进行调整。这样混乱的情况并不少见。

你们难道没有似曾相识的感觉吗？

我想到的是"宽松教育"。

为了摆脱填鸭式教学的积弊，日本文部科学省要求所有学校一律缩短上课时间，简化教学内容，坚决贯彻政令。结果造成了教学水平的低下。

出现这样的后果，显然是忽略了一部分孩子不觉得学习辛苦这一事实。同时，这里也能看到在某个时期出现的"全员一起跑到终点"的错误。

我觉得人是有差异的,把人的差异有效组合起来的就是社会。

实际上,"标准化""平均化"的尝试在历史上常常以失败告终。实施统一薪酬迎来的不是平等而是社会的停滞。

同样,工作时间也不应该受"平均"的制约。

那么,对我来说呢?我明白自己属于比一般人更"想工作"的那类人。

在考虑性价比并对工作进行取舍之后,我大幅缩短了工作时间,从而获得了更多自由。但多余的时间,我还是希望通过工作来度过。

我并不是说只要是工作就好。

在取舍选择的过程中,我意识到了自己心中有一杆秤来衡量这个工作是否属于"我想做的事"。

"自己原本想做什么?"我一直把这个根源性问题放在心里。

如今对于"工作方式改革",我们把侧重点过多地放在了"工作时间缩短"上。若稍微想一下,就能立刻发现"好的工作方式=短时间工作"是件非常奇怪的事。

那么真正好的工作方式是怎样的呢？

你应该已经明白了吧？

那就是"既有价值又能赚钱"。

做想做的事并与金钱相联系，这才是理想的工作方式。

为了实现这个目标，必须坦诚面对自己。我想要做什么？为什么想做？我是为了什么而工作？这些是每个工作中的人都必须事先明确的东西。

在怎样的工作中能感受到幸福？

我也试着重新问自己，我是为了什么而工作。

是因为想要成为有钱人？

答案是否定的。

我不是个奢侈的人。在一定程度上我觉得"过这样的生活就够了"，只要能获得生活必需的收入就不必再挣更多的钱了。而且，我也不是个购物欲很强的人。

那么，是因为想成为成功者？

这个答案也不对。虽然我希望个别的尝试能够成功，但我并不想作为成功者被人崇拜和恭维。

那么，我到底是为了追求什么而工作的呢？

我试着回忆自己经过取舍选择的工作：因性价比低而拒绝的工作、因性价比高而接受的工作、即使性价比很高也不想做的工作、即使无法获利也依然想做的工作。

还有，虽然还不知道最终是否能获利，但能让人觉得这么做也许会带来更多收益的工作。在此，我明白了最吸引人的一点。

我投入费用创造工作岗位，募集人员进行运营，从而获得更大的利益。我明白了自己在做这类工作的时候能感受到幸福。

这就是我"想做的工作"。

那么，我现在不仅可以把从缩短工作时间的尝试中获得的自由时间用于家庭，也可以用在自己的活动中。

工作
做自己想做的
2 . 0

　　我创办了"幸福洗脑"这个服装品牌，继线上销售之后，还在乃木坂开设了实体店。目前正致力于店铺的运营。

　　和自己招募的员工一起从零开始创造些什么，让我感受到抑制不住的快乐。

　　另一方面，家务和育儿怎么样了呢？

　　也许有人会批判"不是放弃育儿了吗？"

　　请放心，我已经协调好了。

　　自从决定"停止勉强"以来，我们决定委托他人——好好地借助专业人士的力量。

　　托儿所、家政员……可以拜托的人有很多。

　　冰箱里放着专业人士做好的可以吃一周的美食。我们要对那种"饭菜必须由父母亲手做"的误解说"不"。在桌上丰盛的饭菜面前，孩子们也很开心。

　　就这样，无数个"必须"被我们一个又一个打破。

　　现在还只是在半路上，我没法断言这就是正确答案。但至少，妻子比以前感觉更幸福了，夫妻关系也比以前更好了。

关于这一点我之后再说。

中田工作术 12

为了找到有价值又能赚钱的工作，要坦诚地面对自己。

什么时候会对工作厌倦？

"作为搞笑艺人，自己动手做服装，这是在干吗?"也许有人会这么想。

不仅仅是这次，我"想做的事"是随时发生变化的。

这绝不是随便的事。

我在想，人本来就不是一种可以一辈子只做一份工作的生物。

工作和人的关系难道不是沿着"初学者期""成长成熟期""厌倦期"这样的道路变化吗?

请回想一下你第一次去打工，作为新人开始工作的时候，是不是感到困惑和不安?

但掌握要领之后，工作就会突然变得有趣起来。成长的真实感、获得成果的成就感、给周围的人带来帮助的喜悦感都是特别的。

但过了那段时期，厌倦就会袭来。

如果可以看到全貌，那么无论是成功、失败的模式，还是成果的影响范围都可以预测，工作会变得越来越无趣。这感觉和一直嚼着口香糖渐渐失去味道是一样的。

我曾经也对作为相声组合站在舞台上感到厌倦。那时，我的兴趣已经转移到了音乐上。成立RADIO FISH之后，我度过了一段埋头作曲的时光。

又经过一段时间，我对经营产生了兴趣。

我把作曲的工作交给了其他成员，在揽客、制造、管理和收益分配等整体运营工作中感受到了快乐。

随后，我对这些事物也逐渐习惯——现在已经沉迷于服装事业。

像这样，人对工作的想法是会经常变化的。

所以，公司员工也一定有着同样的变化。那么，就没有必要发誓一辈子对公司忠诚。

也许有人对一次次换工作感到抗拒，但如果你去想"我已经把能做的事都做完了"，那么就能认识到换工作是件非常普通的事。

在对一份工作熟练的过程中，应该能在金钱和技能上都有所"积累"。你可以以此为资本，为了又一轮的成长而探索新的领域。

追求"想做的事"、与现在的处境告别，如果能有新的际遇，那么技能就会变得多样，水平也会精进。

在快乐的基础上成长，这样就实现了理想的工作方式。

"离别"不是损失

也许有人会问："能那么轻易就想通吗？"

这句话中也许包含着他对栽培自己的上司、爱护自己的前辈以及同甘共苦的同伴的感情。虽然对工作感到厌倦，但依然不想放弃这个温暖的职场环境和曾经荣辱与共的同事。这样的心情我十分理解。

我自己也有这种感受。虽然已经不怎么能感受到工作的趣味，但因为和聚集在那里的人相处融洽，就不知不觉地持续下去了。这样的事发生过好几次。

但我最终总是会选择"想做的事"。我意识到自己已经在潜移默化中学会了一种方法——即使被好人包围，在面对"感受不到趣味、不能使人成长的工作"时也能坚决拒绝。

乍一看这也许是一种冷漠的选择，但事实上并不是。

因为好的人际关系这种"财富"在相遇的时候就已经得到了。

如果幸运地拥有好的际遇，并通过努力建立了良好的人际关系，那么这就是出色的成果。我觉得有了这个成果就已经足够，离别绝对不会造成损失。

"即使这样，在自己离开之后会给剩下的人带来麻烦"，有人会这样说。这也是思虑过度。就算你不在，职场也总有办法运转。

我小时候经历过几次转学，从中明白了：我离开后的世界不会发生任何变化，依然会向前发展。而且，和朋友告别之后，我们的关系也不会清零。如果和很久以前的同学重逢，聊起令人怀念的话题，气氛也会非常热烈。如果他有什么新的事要拜托我，我也会出于情谊而答应。

这种关系和我与素不相识的陌生人之间的关系截然不同，是在相遇时就已经获得"财富"的证据。

因此，与其认为"离别是痛苦的"，不如去想"能遇见真好"。

你可以为自己建立了人际关系而喜悦，然后继续向下一站出发。

中田工作术 13

如果觉得"已经全部做完了"，那就去探索新的领域。

第 3 章

"想做的人＋能做的人"就能创造奇迹！

优点的寻找和使用方法

　　我在上一章讲过：人具有差异，在社会中生存的方法就是把差异有效地组合起来。

　　这里的"差异"也可以说成是"才能"和"优点"。

　　觉得自己没有什么才能的人，请铭记我现在要说的话。

　　无论是怎样的人都具有才能。

　　说"差异"也许比较难理解，"与别人不同的地方"都是才能。

　　对我来说，社会上大多数人默认我是搞笑界的人，但我发现了"自己是具有逻辑思考能力的搞笑艺人"这个差异。

　　"为什么要这么细致地分析呢？"被周围的人这么一说，我逐渐意识到："是呀，原来自己爱好辩理。"

　　我也曾因为这个差异蒙受过损失，给人留下"严厉"印象的次数数不胜数。

　　虽然有时候会被初次见面的人说"见到你跟你说了话之后就不怕了"，但这也就意味着如果通过画面看，我就是个令人害怕的家伙。

　　尤其是我意识到在日本富士台Wide Show[⊖]节目中担任评

　⊖　日本大型新闻播报节目。

论员的3年多，我已经把这一负面形象展现在了大众面前。

如果要评论绯闻或丑闻，无论如何，我批判当事人的说法都会变多。如果朝着"否定"的方向评论，我就会变得比想象中更严厉，最终引发惹人生气、害人受伤的后果。

但即使这样，我也没有想过为了适应周围的环境而牺牲自己。

因为缺点也可以变成优点。

如果能用肯定的语言表现强辩、直言不讳的特点，那么也就能激励别人、为他人提供新的观点。

也就是说缺点和优点是一体两面的。

我能这么想，都是搭档藤森慎吾的功劳。

虽然他的"轻浮"特性乍一看是缺点，但"轻浮男"已经成为他的形象，与他的工作联系起来了。因此负面事物也可以转化为正面事物。在多年和他一起工作的过程中，我学会了用这种方式来看待自己和他人。

这就是说，不仅是"和他人不同的地方"，就算是"不如他人的地方"也可能成为才能。

这一章，我将以这个观点为基础，讲述工作者"寻找可能性的方法"。

同时，如果可能的话，我还想讲一讲作为雇佣者汇集多种才能的技巧。

能力从 "不足" 中 "开花"

在现在的工作中，我自己最有用的才能可以说是 "发现别人才能" 的才能。

这种才能并不是一开始就意识到的，是我开始从事音乐的工作之后才发现并得到锻炼的。

在刚开始想做音乐方面的工作时，我没有一点儿音乐才能。

虽然喜欢唱歌，但唱得不好，不会作曲，跳舞也谈不上擅长。

尽管如此，我还是怀着一种想站在舞台上唱歌、跳舞的宏伟志向。

那么，能成功的办法就只有一个。

那就是借助周围人的力量。

我想，这不就是所有工作的基本模式吗？

在有了"想做的人"之后，再把"能做的人"聚集起来，所有工作都是按这种模式开展的。

公司也是一样。先有经营者的目标，然后再汇集有能力实现这一目标的人才。

那时候，我意外地做了和"经营者"同样的事。

首先，向作为专业舞者的弟弟中田启之（FISHBOY）寻求帮助，依靠他的人脉汇集了一些舞者。然后，邀请擅长唱歌的藤森加入，成立了RADIO FISH组合。

为了达成超出自己能力的目标，不得不依靠别人的力量。

同时，为了依靠别人，必须要有看清别人优点的能力。受这种需求驱动，我发现别人优点的才能得到了极大的发展。

这么一想，才能可以说是以"弱点"为起点进化而来的。

鸟类为了逃离强大的天敌进化出了飞行的能力。

蒲公英因为自己无法移动，所以具备了通过绒毛随风飘散的形式传播种子的能力。

能力是从"不足"中产生的。关注自己的"弱点"或者"想做却不能做"的事，就是应该迈出的第一步。

中田工作术 14

问问自己"现在的自己缺少什么？"

但我们要提前做好心理准备，"才能"不是那么轻易就能找到的。人是一种不被逼到绝境就意识不到自己的潜能的生物。麻烦的是，才能这种东西具有"自己难以发现"的性质。在自己被彻底逼入绝境之后才会想着有效利用原本自己觉得微不足道的事。

请试着想象一下。

你现在肚子非常饿，但是外面下着倾盆大雨，便利店又很远，还没有车。

在这种情况下，怎样才能填饱肚子呢？

只能靠冰箱里的食物凑合了。

结果，睁大眼睛在冰箱里搜寻了一圈。只看见了几样"感觉可以使用的食材"。

虽吃过几片但毫无印象的6片装芝士（因为是单独包装所以新鲜度没问题），两捆菠菜（有点蔫，但用水煮一煮就能吃）。这么一想，还有些剩下的米……

这些如果用热水炖煮，至少可以做一份简单的奶油浓汤。

用同样的方法可以思考"如何利用自己所拥有的从而发挥自身的优势"。

工　作
做自己想做的
2 . 0

我在成为搞笑艺人3年后，才第一次去看自己的"冰箱"。

Oriental Radio因《武勇传》昙花一现，随后就失去了发展势头。当时周围"般若""水果酒"等同年代的艺人们一个接一个冒出来。

仅凭借新鲜感难以胜过他们。那么他们身上缺的是什么呢？

就这样，我开始寻找"差异"。

那时，我找到的差异是"毕业于庆应义塾大学"这一经历。

在我看来这绝对不是有吸引力的特点。

我错误地认为，在搞笑艺人这种职业中，从一开始就不把学历放在眼里的形象更容易被人接受。我觉得"从好的大学毕业"，特别无趣，只会带来阻碍。

所以我出道的时候也没有公开我的学历。

但当我意识到"冰箱"里只有这个的时候，我就想，没办法了，那就用这个吧。

这就是反击的开始。

我开始参加智力问答节目，意外地发现自己竟然属于急需人才。

出席问答节目的高学历答题者以演员、播音员为主，搞笑艺人的话只有京都大学毕业的"庐山"成员宇治原史规，而比他年轻的新一代是空缺的。

我第一次知道了高学历是可以"利用"的。如果没有陷入危机，我也就不会有这个发现吧。

不要一个人"寻找自我"

仅凭自己一个人发现自身优势是非常幸运的。

即使是现在，我也不仅是一个人"看冰箱"，而是问别人"我的优点是什么呢?"。

如果一个人寻找，很难从"6片芝士""庆应"之类的束缚中摆脱出来。因为就像前文所说的那样，才能是很难由自己发现的。

人类容易把天生的事物当作"理所当然"。

这样的事经常发生：在别人看来觉得"好厉害!""哇，真有趣!"的特技和个性，在自己看来都是微不足道的"残羹冷炙"，或者说是连自己都没意识到自身优势的存在。

因此，与很多人交往，在发现才能方面是有效的。

这是个出人意料的盲点。在想"自己能做什么"的时候，人会不知不觉地选择一个人思考，一个人闷在家里或一个人出门。

这是错误的。寻找"自我"，一个人是不行的。

通过和人交谈，接受别人的意见，这是最近的道路。

不是"好厉害""真棒啊""真好啊"之类的夸奖也没关系。

既可以关注"你怎么这么做……?""呀，那样的人第一次见到!"这类表达吃惊的话，也可以着眼于"这个事情是你什么时候开始做的啊?"等对方表现出兴趣的地方。

"好怪啊"，即使被人贬损，这也是个机会。

因为"比别人更差的地方"也能成为武器，这时候讲话不留情面甚至有些失礼的朋友就值得依靠。

和熟悉的朋友以外的人见面也会产生很大的效果。

参加平时不出席的酒会，接受平时不参与的邀约，改变现状的方式有很多。置身于各种各样的场所，比较对象的范围就会扩大，也就更容易意识到自己的特点。

不管怎样，不要一个人待着。

人是在人与人的联系中生活的生物。同时，也是本能地想要帮助他人的生物。

在这种意义上，我也建议你们试着去帮助别人。帮助他人做一点工作或倾听他人的话语，从这些事中也许会发现让自己出乎意料的另一面。

中田工作术 15

为了找到自己的才能，和更多人相遇，敢于不停地被人"贬损"。

「稀松平常」的个性组合起来就能变成「卓越的才能」

对于自己发现或被别人指出的特点,有人会想,"这才不是个性,一点儿都不稀奇!""还有比自己更厉害的人"。

但是这里也存在误解。

说到"个性",人就容易抱有一种"非常突出"的印象。

人们会觉得如果没有像凡·高的画那样强烈的冲击力,就不能说是个性。

事实上,个性并不是那么遥不可及的东西。

虽然这么说,但毫不显眼的个性组合起来就能产生强烈的独特性。

教育改革实践家藤原和博指出,"万里挑一的人才"不是指一个人具备某个突出才能,而是形容一个人同时具备了三个"百分之一的人"有可能具备的特点。

例如,有一个人虽然在第一回合比赛中失败了,但他有打进日本高等学校棒球大会的经历。虽然他擅长棒球,但不够专业,这是一个有点儿普通的才能。

那么,如果这个人同时也是国外出生回到祖国的学龄期孩子呢?小时候就回到日本了,英语水平也就一般。这也不能算是出色的武器。

然后，还有一点，如果他是假面骑士周边的收集者呢？这也称不上是什么罕见的特点。

但，如果同时具备这三个特点，就是万里挑一的稀有人才。

正因为如此，由他负责在美国销售"假面骑士"相关商品的工作，没有比他更合适的人选了。在国外出差，和棒球俱乐部时期的同学重逢，如果那个同学与美国职业棒球大联盟有关系，那么就能极大地拓展海外的人脉。

当然，这是极端的例子。说自己学习一般、体育一般，做什么都半途而废的人，现在立即丢掉这种消极的想法吧。

半途而废也好，不是第一也好。我们来想想这些"稀松平常"的个性混合搭配在一起，可以做什么。

对我来说就是前面提到的"庆应毕业"。

好几万人拥有跟我一样的经历，这个特点毫不稀奇。

但，在这上面加上"搞笑艺人"这种职业，稀有性就增加了。据我所知，庆应毕业的搞笑艺人只有府川亮先生和我。30岁左右的只有我。

像前文所说的那样，我因为"庆应毕业+搞笑艺人"这种搭配，而产生了能够出演智力问答节目的优势。

接下来，可以作为三个特点的是有参加音乐活动的能力。

"搞笑艺人+音乐"这种搭配，就可以接音乐节目或音乐节的主持之类的工作。实际上，我经常同时接到音乐节演出和主持的邀请。如果出场的演员有一组由主持人兼任，既能做好衔接又能活跃气氛，那么这对于主办方来说是极为便利的。

请根据以上要点，努力列出自己的三个特点。

"来自富山县+有个双胞胎兄弟+喜欢画画""老家有寺庙+善于唱歌+喜欢孩子"等。

组合一下手里的牌，思考你可以在社会上扮演怎样的角色。可以不局限于工作，也可以不同时利用三个特点，即使是两个特点的组合也足够了。

"这是只有我才能做的事"，请愉快地想象一下这个画面。

中田工作术 16

把三个自己喜欢的事或经历结合起来，试着思考只有自己才能做的事。

在和别人的比较中，经常有人觉得"自己没什么了不起"从而进入消极模式。

我也有过这种体验。

2018年夏天，我接受了亲自把RADIO FISH组合的现场演出门票全部卖完的挑战。

坦白说，我是在模仿西野亮广先生。他具备的才能是一个人卖完了2000张访谈直播门票。

说实话，我当时还是意识到自己有点胆怯。

但RADIO FISH的现场演出只能容纳1000人，人数只有访谈节目的一半。

"如果这样都卖不出我会不甘心……不，一定能卖出去，一定可以！"我一边给自己鼓劲，一边开始了一个人的卖票之行。

但是，不久之后我就停止了这种做法。

我觉得自己和西野先生做同样的事，比较输赢是没有意义的，毕竟我不是他。

于是，我打算看清西野身上没有但我自己身上有的特质。

西野有自己的线上沙龙，这是为了西野本人而成立的，与

King Kong和梶原都没有关系。正因为如此，他的优点就是他的独特性容易展现，他想做的事能够迅速实现。

我也有线上沙龙，但这里既有Oriental Radio的粉丝也有RADIO FISH的粉丝，涉及的人群范围比较广。

在这个意义上，我，中田敦彦的个人独特性就难以展现。我一直觉得这是我的"劣势"。

但面对这次出售RADIO FISH门票的任务，"劣势"却发生了反转。

我完全不必一个人去卖票，RADIO FISH中以藤森为首共有6名成员，战斗力就是6倍。而且出售的门票数只有西野的一半，负担只有1/12，当然是我这次更轻松。

我还想到：不，我本来就可以借助线上沙龙成员的力量啊。RADIO FISH有那么多粉丝，不是可以发挥他们的优势吗？

随后我意识到：当有人觉得"那个人太强了，自己难以企及"的时候，从相反的角度看待"劣势"就能充分发挥自身作用。

"去看现场演出" 也能成为优势

这次门票售卖，发掘了线上沙龙成员们意外的才能。

门票售卖和选举很相似。我说的不是AKB48[⊖]的那种单曲选拔，而是政治家们举行的那种选举。

如果是AKB48的选拔，一个粉丝可以买几千张专辑（CD）为特定成员拉票，但世界上的选举原则上都是一人一票制的。这对于门票出售同样适用。

门票销售的目标是座无虚席。我们的目标是卖出1000张票就有1000人来看。

如果有一个大叔买下了全部门票，会怎样呢？

即使这个大叔买了1000张票，票是全部都销售完了，也不会造成运营中的损失，但可以容纳1000人的音乐大厅里只坐着一个人……

无论他如何捧场，演出方都会相当失落吧。

我向线上沙龙的成员们也说明了这个情况。拜托他们在销

⊖ 日本大型女子偶像组合。

售门票时，和政治家的选举一样，只能向一个人出售一张票。

那时，支持政治家的组织叫后援会。而线上沙龙有近400名成员，这力量已经很强大了。我在成员中征集有意愿的人，拜托他们销售门票。我采用的方式是给他们1~2张票，他们卖出后就把相应的销售款转交给我。

没有指标的要求，如果有人说"对不起，我没能卖出去"也没问题。事实上，确实有成员说"卖不出去"而把票送回来。

但是另一方面，也有成员说"我卖出去了，请再给我一张"，几天后又跑过来说"请再给我两张"。

"你怎么卖得那么好？"我问过她之后才得知了出人意料的原因。

据说她喜欢音乐，会去看各种乐队的现场演出。在这个过程中，和见过好几次的人成了"粉友"，在爱好音乐的朋友中建立了牢固的人脉关系。

但是她本人好像完全没有意识到这是个优点。

"我就是在等你啊，你的才能真厉害！"我还记得在我大力夸奖她的时候，她才露出喜悦的表情。

长年频繁地去看几个乐队的现场演出，这种乍一看和工作完全不相干的事在这里却发挥了令人吃惊的威力。

同时，这里也出现了名为"差异"的优点。

在线上沙龙成员中，很多人在Oriental Radio成立时就开始支持我们，也就是说具有"对搞笑界比较熟悉"的属性，但对音乐领域就比较生疏。

此时，她的"音乐粉"个性就显得无比珍贵。

从此之后，我开始关注沙龙成员的来历。做什么工作、来自哪里、家里有几口人等，我一边聊天，一边享受挖掘人才矿藏的乐趣。

中田工作术17

关注自己曾花费时间做的事。

『想做事的人』和『能做事的人』，你想成为哪一种？

那么，我们在这里再次回忆一下。

我说过所有的工作都是"想做事的人"和"能做事的人"的组合。

如果把这个设定代入到公司里，那么经营者就是前者，劳动者就是后者。

经营者想要发展某项事业，为此需要人才，于是就雇用了能够达成自己愿望的劳动者。

简单来说就是这种关系。

我通过RADIO FISH的活动或在在线沙龙成员的帮助下出售门票，这时候就站在了"想做事的人"的立场上。

另一方面，有时候我也是"能做事的人"。作为搞笑艺人出现在电视上，上智力问答节目回答问题，出席音乐节活动的时候就担任了这个角色。

两方面工作都经历之后，我明白自己内心喜欢的还是做"想做的工作"的时候。

我"想做事"的能量好像比别人强一倍。这又是一个我与他人比较之后发现的巨大差异。

因为想做的事大多无法由一个人实现，所以要汇集"能做

工 作

做自己想做的

2 . 0

事的人"。每次产生新的"想做的事",我都会问一遍周围的人:"这个,能做吗? 认识能做的人吗?"

问过一圈之后,竟发现比想象中更早遇到目标人才。

假设我问了50个人,这50个人又各自向50个人打听,那就变成了在大约2500人中间寻找。如果有2500人,那么就能立即找到合适的人。

比起这一点,更让我吃惊的是,世界上"沉睡"着那么多"虽然能做事却不去做的人"。而他们确实拥有不为人知的才能。

"能做事"的人为什么没有与"想做的事"联结起来呢? 这对我来说是非常不可思议的。

但,也许正因为如此才需要有像我一样执着地"想做事"的人吧。

一开始工作,"想做事的人"就会检查大家的进展。

"怎么样了?"如果不确认,工作就会停滞不前。

为什么呢? 因为在"能做事的人"身上没有和"想做事的人"同样程度的能量。"我无论如何都要去爬那座山!",在具有攀登能力的人身上不一定会有和前者一样程度的热切心情。

这在公司的体系中也是一样的。检查进展是上面的人重要的义务。

那么, 大家属于想做事的人还是能做事的人呢?

在当 "能做事的人" 的同时, 你们有没有想过为了工作能进一步拓宽范围、提高水平而拜托别人做事?

这里也隐含着看透别人适应性的暗示。

要埋藏类似 "我这样的人" 的话

接触 "能做事的人", 屡次让我感到焦躁的是, 当被问道 "这个, 你能做吗?" 的时候, 他们什么都不说的样子。

接着第二句是说 "哎呀, 我这样的人" "我这种人" 等表达谦虚的话。

恐怕没有意识到自己 "能做", 只看到了自己 "不能做" 的部分吧?

就像我前文所说的那样, 才能是自己难以发现的。但即使如此, 也不必特意关注自己 "不能做的部分" 让自卑加剧吧?

工 作
做自己想做的
2 . 0

前几天发生了一件让我打心眼里感到吃惊的事。

据说，搭档藤森慎吾在和搞笑艺人们一起出席的酒会上发牢骚说"我啊，不能像敦彦那样制定规划、思考项目，不知什么时候就被丢弃了"。

简直就是个没认清自己的家伙。

他具有很厉害的才能，以后世界上对他的需求也会一直存在。在这之前，我从来没打算离开他。

而他完全没有意识到这些，只看见"自己身上没有的特质"。

我身上有他没有的特质，他身上有我身上没有的特质，两者组合在一起，才成立了Oriental Radio。RADIO FISH也一样，所有的组织甚至社会都是这样运转的。

任何人都有擅长和不擅长的事情，都有各自的价值。

有善于通过和人接触来开展工作的人，也有在密室里孜孜不倦埋头工作的人，这个世界对两者都有需求。

即使是"密室"类型的人也可以不蜷在角落说着"自己不善于沟通"之类的话。世界上有很多组织在寻求能细致工作的匠人。

我想，正是因为各种各样的人像这样携手合作，人类才能在地球上持续生存。

因此，让我们立即把"我这样的人"之类的话埋藏起来。让我们把这类卑屈的、小气的话深深地埋藏在地下吧。

我不是要说"拿出自信来"。

因为自信这种东西，在结果没有出来之前本来就是不具备的。

重要的是，当"想做事的人"给你分配工作，这种机会来临的时候，即使没有自信，也要挺起胸膛说"请放心交给我吧"！

只有做到了这一点，才能产生全力应对工作的勇气和承担责任的觉悟。"我这种人"是为逃避工作而说的懦弱的话。

中田工作术 18

"能做事的人"和"想做事的人"，看清楚自己属于哪一类人并采取行动。

人的才能要通过
显微镜观察

再来举一个与藤森有关的例子。

虽然我感受到了他天性阳光的魅力,但我不能说在 Oriental Radio成立之初就真的完全理解了他的才能。

"你想说怎样的段子呢?"我问道。他的答案是"不知道"。既不说意见也不提出方案。"这家伙,真的想做吗?"我甚至有些不安。

但当我写完段子给他看了之后,他就一下子闪耀起来。他提出了一个接一个有创造性的意见和想法,让我写的粗糙段子得到了极大的改善。

也就是说,藤森虽然不善于写企划案,但只要告诉他一个框架,他就是个出类拔萃的人才。

于是,我就对他进行"部分预定"。"考虑下这里加入的台词,按照这种氛围,在这个字数限制内",像这样,每次我给他设定严格的要求并拜托他的时候,他都能完美地突破瓶颈。

和世间对他的印象不同,我觉得藤森是个很努力、很诚实、干劲十足的人。能认识到他的这一面,是我的重要财富。

也多亏了他，我学到了一种委托方式，使我可以更好地挖掘其他人的才能。

从那之后，随着时间流逝，我现在通过各种活动，最大限度地使用自己"看清别人才能"的才能。

我在此传授一个技巧，这就是"细致观察"。

例如，"具有踢足球的才能"这种说法过于笼统。是擅长得分？善于守门？还是抢球能力出众呢？你们知道这几个是完全不同的才能吧。

才能或能力本来就是很精妙的东西。

在一个人身上，也有可能会发生某个精妙的才能受其他个性制约的情况。

藤森"确实富有创意但不擅长规划"就是典型例子。

为什么不顺利呢？什么样的个性之间会冲突呢？如何来消除这种冲突呢？用显微镜仔细观察，像用镊子分解构造物那样去解决问题。

围绕这些进行思考也是我如今的一大乐趣。

在反复试错的过程中明白的道理

Oriental Radio由两个人组成,RADIO FISH有六个成员。

才能的组合方式比相声组合复杂得多。

但即便意识到了这一点,我一开始还是把才能看得太粗糙了。

RADIO FISH中有Show-hey、FISHBOY、SHiN 、RIHITO四个舞者。我想拜托他们设计舞蹈,简单地把一首曲子分成四部分交给他们,结果非常不协调,呈现的效果很差。

我意识到,我不能把"舞者"捆在一起,不把他们的才能特点按要素仔细拆分是行不通的。

于是我尝试着仔细观察各个成员,发现了他们细微的个性差别。例如,Show-hey的演出和编舞才能出众,弟弟FISHBOY具有追求舞蹈本身的运动员气质,SHiN善于指导别人,RIHITO具有检查完成作品的卓越才能。

同是舞者,却也有这么多差异。这样一来,编舞应该拜托谁一目了然。这一次,我把编舞完全委托给了Show-hey,于是舞蹈效果得到了质的飞跃。

工　作
做自己想做的
2 . 0

　　这时，我学到了另一件事，得出了"才能不是最开始就完全了解的"这一结论。就算仔细观察、分解了才能的要素，只要没经过反复试错，就不可能完全掌握该项才能。

　　通过实践和失败，我明白了不厌恶失败，多次尝试是非常重要的。

　　在唱歌方面，我也经历了这个反复试错的过程。

　　最初，我和藤森唱歌的分工大致是均等的，虽然我知道他唱得更好，但没意识到我们两人唱歌的力度差会导致有几处合不上。在明白了他唱歌的水平远远超过我之后，我慢慢减少了我唱歌的部分。

　　像这样多次进行试错，及时向成员确认他在团队中"想做什么"。

　　这大概就可以说是"人尽其才"的秘诀吧。

　　再说句闲话，"如果没有框架就做不了"这种藤森的习性在RADIO FISH中也一样存在。虽然藤森擅长写说唱音乐，但要从头开始写歌就很艰难。

　　因此，我写完歌词，只把说唱的部分空出来拜托藤森填充。这样，他就能非常迅速地完成。

和他一起工作已经十多年了,我的体会是"人是不会轻易改变的"。

中田工作术⑲

实现"人尽其才"之前,要细致地分析每个人的才能。

不需要『厉害的武器』，捡起脚边的石子用力扔！

虽然我已经讲了才能的寻找方法、使用方法和挖掘方法,但我自己也只是在发展过程中。

即使是现在,我也常失败,虽然之前热切地对大家说"不要说'我这种人'这种话!",但自己也会在不知不觉中变得懦弱。

如今,我打算作为一个完全的外行加入服装行业。虽然我立志要在这个领域掀起飓风,但有时也会被"我真的没问题吗?"这种想法影响。

但最终还是要回到这样的态度:要不断追问"什么是对方没有,但自己有的东西"。

如果从这个角度看,就会意外发现无论多么强大的对手都能一较高下。

和"幸福洗脑"的创立差不多同时开始的是我的广播节目《东方收音机中田敦彦的日本之夜》,"幸福洗脑"的项目进展几乎可以同步在这个节目中持续转播。

"中田能上广播节目是因为他是搞笑艺人,他使用'远程工具',真是太狡猾了!"

我也听到过这种声音。

工　作
做自己想做的
2 . 0

　　哎呀，既然目标如此宏大，难道不该把能用的武器都不顾一切地用上吗？

　　所以，要把脚边够得到的石子都捡起来扔过去。

　　先不说这个姿势帅不帅，大家也模仿的话不会造成损失。

　　在面对巨大挑战的时候，人经常会陷入想用"厉害的武器"这一巨大误区。

　　因为目标对象大都持有帅气的武器。

　　大家都想拥有和对方威力差不多的日本刀或机关枪。这么厉害的武器是不可能轻易得到的。

　　于是就想着"不行啊，做不到，战胜不了"，陷入了停止思考的状态。

　　但是，"乡巴佬"不是有"乡巴佬"的作战方法吗？

　　在对方打磨着气派的刀具时，你只要捡起脚边的石子一个劲儿地扔过去就好。

　　如果正巧砸中了后脑勺，就是我方的胜利。

　　因此，我现在肾上腺素飙升。

　　下一章，我想告诉大家我经历的"外行人挑战"。

我想毫不保留地谈一谈我"想做的"和周围"能做的"是否达成一致。

中田工作术20

如果提出了很高的目标,就试着使用任何可以使用的方法去实现它。

职业崇拜是
没有意义的!

建议你"想做就做"

工作由"想做事的人+能做事的人"开展。关于这一点，我想大家读了第3章就应该明白了。那么"想做事的人"在采取实际行动时会怎么做呢？是自己做还是聚集能做事的人？方法有这两种。但无论哪种情况，绝对不可缺少的心得是"想做就做"。

这是"想做就做（Just Do it）"的意思。

这句话是耐克公司的广告语，也是我的人生信条。

但令人意外的是，这一点大家都做不到。

如果我呼吁"我们试试看吧"，那么"但我们都是外行啊""还没有做出成绩""没有名气啊""没有勇气进入专业的领域"等各种懦弱的借口就会一个个冒出来。

我们不要再因这些胆怯而不知所措了。

你们觉得区分外行和专家的根本因素是什么？

是技能的差异吗？

不是的。

专家也有失败的时候。老练的搞笑艺人也会遭遇滑铁卢。

能做这个的就是专家，不能做的就是外行，本来就没有这种划分。

工 作
做自己想做的
2 . 0

我的定义是：不管是什么人，只要能赚到钱就是专家。

我是搞笑界的专家、音乐界的专家、舞蹈界的专家，也是服装行业的专家。因为我卖出T恤赚到了钱，所以当然是专家。

从所谓的"专家视角"来看，这也许不是个有趣的观点。

例如，你假定自己是某个领域的专家。

如果这个领域有个新成员生产了质量怎么也称不上好的商品，你难道不会感叹果然"还没到新手出场的时候"吗？

这种心情我也理解。

但是，1年或者2年后，这个人会一直持续当一个新手吗？

只要他还身处那个领域，他就不可能还是新手。

作为新手进入某个行业，虽然有时会引人发笑，但还是要毫不气馁地付出。

这样，技能才会不断得到提升。

我和音乐的关系也是这样。RADIO FISH刚成立时，我的技能，不管是作曲还是其他都像是"过家家"一样。

从那之后5年过去了，现在的我也能加入别人的演出了。

2018年12月，SKE48的古畑奈和推出第一张迷你专辑《亲爱的你和我》，我在其中担任制片人，为她作了3首曲。对于过去作为搞笑艺人编写节奏段子的我来说，这简直是个难以置信的变化。

我的感受是，不管怎样只要坚持"想做就做"的精神，就可以到达自己都想象不到的远方。

在这个意义上，可以说还不如一直当一个新手呢。

因为只要还是一个新人，就可以持续接受挑战。一旦满足于"专家"的位置，就会一直重复熟练的事，很难再产生促进成长或变化的要素。

当然，数十年一直反复思考同一件事的人有他们独特的价值。正是在十分清楚这点的基础上，我才要说：

即使是彻头彻尾的外行，也可以冒冒失失地进入同一个"相扑场"。

只要不怕被人取笑，在前面等待你的就是飞跃。

中田工作术 21

正因为是外行，才可以大胆地闯入专业领域。

积累微小的成功
体验会强化内容

线上沙龙最初的活动是烧烤聚会。

我成立了烧烤策划部，募集了参加者，分配了各自的任务并开始准备。烧烤活动取得了圆满成功。

那么，这个"成功"是依靠什么达成的呢？

目标很明确：参加人数为60人，拍完照片就算成功。

沙龙成员超过200人，只要征集完参加者，就能毫不费力地达成目标。

为什么提出这么简单的目标呢？

那是因为活动的目的在于"增加参加沙龙的人"。

如果在网上登载"我们举行了烧烤聚会哦"这种轻松愉快的照片，大家都会闻风而来。只要这个行动成功了，老实说，之后就可以"不必奋斗了"。

烧烤的肉有点硬、食材不够了、进展有点儿不顺……这些都没有问题。就算遇到极端的情况——有一个参加者怀着"我本来想跟更多的人聊天的，但……"的心情回家去了，也没有关系。

让60个人全都感到活动的快乐，这目标也定得太高了。

因为这个活动今后会被经常问到，所以没必要从最开始就追求最高的目标。

我想，如果设定这种程度的简单目标，策划部的人就能轻松地"想做就做"。

有些人会感到意外："你不是才说过梦想要说得大一些吗?"

不，两者绝不矛盾。

这就是说，虽然志向要越大越好，但可以特意降低眼前课题的难度，积累微小的成功经验。

如果经历过成功，那么就会产生尝试第二次、第三次的热情。

烧烤策划部的所有人在举办第5次活动的时候，也肯定都成了"运作高手"。

对待设计部的成员，我采取同样的态度。

"我想做从来都没见过的那种商品!"他们中间起伏着这种意气满满的声音，但老实说，我觉得最开始做普通的设计就好了。

更重要的是，大家一起交谈，做出成型的东西，积攒销售经验。

"制作并出售"本身就是其目标。

如果试着体验这个目标，就会明白这是件非常令人开心的事。

如果拿我举例，在RADIO FISH第一次作完曲的时候我就是这种心情。

当不怎么明白技巧而用尽全力作成一首曲子的时候，当不明白录音室中的要领而唱歌的时候……当那首歌播放的时候……当每一小步成型的时候，我都感受到了强烈的幸福感。

这种幸福感成了"要进一步向前冲"这种心情的来源。

中田工作术22

不必一开始就追求完美，逐渐提升自己去追求目标。

志向要高远，眼前的目标要降低。虽然这是最基本的，但还是有人说"这样的目标太高了，做不到"。

活动中大家聚集在一起的时候，我说："不要带姓名牌！不要用名牌来记住全员的姓名！"

一旦看了名牌，就会不由自主地依靠它，脑海里什么都不会留下。

若是在互报姓名时不用名牌，就会努力做到"不要忘记"，即使忘了也会拼命想起来。

根据这个道理，我们可以无视"这是不可能的"这种声音，不使用姓名牌进行交往。

不看名牌记住人名，真的是无理的要求吗？

没有这回事儿。我曾经在一个活动中记住了300多个人的姓名。

"这种事，并不是所有人都能做到吧！"

这也是种误解。

如果利用人脑的特性，无论是谁都能出乎意料地轻易记住。

你们知道"艾宾浩斯的遗忘曲线"吗？这个学说认为，人在获取信息后20分钟会忘记42%、1小时后忘记56%、1天后忘记67%。

非常简单地说，"人的大脑有一个特点，越是刚接触到的信息，忘得就越快"。

反言之，如果在接收到信息后立即多次复习，就能记住。

和连接断骨的时候要用力一样，如果在信息快遗忘的时候再输入一次，就会留下很深的印象。

因此，我在开展活动的时候，不管不顾地叫了好几次对方的姓名。

在自我介绍之后的几分钟内连续叫名字，20分钟后又叫了一次，1小时后再叫一次。即使这样，也当然会有忘记的时候。那么就拜托对方"请再教我一次"。即使这样，如果还是忘记，就再问一次。又一次忘记，就再继续问。

这样就能记住了。

在我教了大家这个技巧之后，大家都踌躇不前地表示"我做不了这么失礼的事！"

于是，我郑重地说道："不要说目光短浅的话！"

"不想被人认为失礼"这种目标也太低了。

第 4 章
职业崇拜是没有意义的!
建议你"想做就做"

真正的目标,不是被人觉得不好,而是好好地记住对方的姓名。

那就只能反复多问几次了。觉得"失礼"是错误的想法。

因为根据人脑的特性,越是刚认识的时候越容易忘记,这是理所当然的。

我希望你们能意识到莫名的顾虑和罪恶感会大幅降低成功的可能性。

清除这个障碍后,通过反复说"对不起,我又忘了!请再告诉我一次!"来记住300人的名字,事实上是非常容易的。

中田工作术 23

不管别人怎么看,都要贯彻自己的信念。

在分配工作前，自己先试一试

既然要劝周围的人"想做就做",那么"以身作则"就十分重要。

我在给别人分配工作时,首先会试着自己做一做来确认要点。

商品的价格设定、网上销售、现场演出的线下销售等,我会自己试着小范围地实践,掌握"啊,这是合适的价格吧?""这样是不是更容易出售?"之类的感觉。如果在此基础上拜托别人,就不会做出不合理的指示,内容也会变得明确,无效劳动会逐渐消失。

线上沙龙的商品销售是从一本笔记本开始的。

我制作了精心设计的笔记本作为 RADIO FISH 的独创商品,然后在现场演出和演讲中出售。

步入正轨之后,我也制作了别的商品,开始了邮寄销售。邮购商品仅限尺寸较小、分量较轻的商品,使用特定的信封来减少邮费,然后就只要一股脑儿寄出就好了。

这项工作也由我一个人承担,但当我觉得一个人做比较困难的时候,就决定把它交给别人。

这时候,我已经能让接受委托的女员工帮我出谋划策了。她向我推荐了"Wix",一个可以提供免费网页制作服务的工具。

她说："在这里既可以开设网店，也可以上传动画和音乐。试着通过这个网页使信息一体化，怎么样？"

被她这么一说，我又试着自己去制作官方网站。

出乎意料的是，网页制作特别简单。不需要任何专业知识，只要按照Wix准备的模板操作，即使是新手也可以在短时间内成功地做出漂亮的网站主页。

就这样，邮寄销售的规模得到进一步扩大，音乐付费下载和流媒体服务也成为可能。

我把沙龙的据点转移到了Wix的线上论坛，并从12月开始，将沙龙分成两部分，重新成立了"UNITED"和"PROGRESS"。前者因享受社团活动而其乐融融，后者则汇集了想向我学习经营技巧并进行实地体验的人。

中田工作术24

为了不做出无效指示，先试着自己做。

商品的质量可以由『**故事**』弥补

工 作
做自己想做的
2 . 0

2018年10月2日，我开始了原创时尚品牌"幸福洗脑"的网上销售。

在3天后迎来首播的广播节目《东方收音机中田敦彦的日本之夜》中，我也对品牌进行了大力宣传。这个节目的播出时限为半年，在这期间是否能让"烟花"放得更远，是我面临的最大挑战。

话说回来，你有没有觉得"幸福洗脑"这个品牌名称相当奇怪？

其实这是有原因的。

实际上我开展服装事业是要把"叛逆"进行到底。"幸福洗脑"的名字也是遵循这个方针而产生的。

第一个叛逆方向是"制作难穿的T恤"。如果把它比作食物，就是油腻腻的类似"拉面二郎"般的T恤。

说到T恤，你们知道"苏博瑞（Supreme）"这个人气品牌吗？它自然简洁，具有毫不做作的洒脱感，还有令人难以置信的昂贵价格。

另外，在平价领域，任何人都有那么一两件的优衣库和无印良品的T恤。

如果我追随它们，就一定会失败。

这些目前受大众欢迎的是所谓的"红海领域",已经没有我们加入的余地。

那么与此相反,什么是尚未开发的"蓝海领域"呢?

难道不是"既难穿又昂贵的衣服"?

于是,我决定制作"贵得要死"的T恤。

黑色的T恤上印有品牌商标(LOGO),虽然品牌名称令人感到不安,但每件10360日元的定价,几乎和一流品牌持平。

一般人也许会想:再怎么鲁莽也总该设个差不多的价格吧?

但请再试着想想。

正如第2章所说,我认为"持有内容主义至上观念的经营者数不胜数"。

商品的魅力是由其内容也就是"商品的质量"决定,还是由"商品的销售方式"决定的呢?

当然,这两者都是必要的。但现在,我觉得我们略微偏重前者。

"幸福洗脑"的T恤和所有其他T恤一样,原料是棉和印刷LOGO用的墨水。当然,成本很低,但我们却故意高价出售。"怎么会这样?"这就产生了激发别人好奇心的故事。

请你们来买个故事吧！我在节目里一直用这点打动听众。

"低成本的商品却以高价出售，外行的产品却用高端品牌的价格出售。这个到处寻衅滋事的挑战会如何？在广播播出的半年内这个品牌能走多远？让我们一起来体验这部纪录片，一起来体验爆红吧。《灌篮高手》中篮球新手樱木花道仅在半年内就能参加全国比赛，我想和听众们一起在这个节目中实现这种类似灰姑娘的故事。"

经过这么一呼吁，品牌彻底火了。

网店中预订T恤的订单蜂拥而来。

但，这还只是"开始"。

贯彻初衷才是最大的优势

紧接着11月17日，我在乃木坂开设了"幸福洗脑"的线下店铺。

这也是一种叛逆。在网上销售全盛的时代开设实体店铺必然会带来不利，这种想法是现在的常识。这里偏要问一句"确实是这样吗"，体现了一种叛逆的精神。

仔细想想，如今地位稳如泰山的网店走走城（ZOZOTOWN）在最开始的时候也是叛逆的。在衣服要在店里试过再买还是常识的时代，逆其道而行，所以成功了。

之后实体店和网店的关系发生了逆转。如今，线下开店反而成了一种叛逆。

"如果你觉得这种逆行很有趣的话就来店里吧"，我一呼吁，就有很多人赶到乃木坂的店里来。

但这之后，这家店迎来了短暂歇业。

因为虽然顾客没有减少，但购进额减少了。

于是，我分析了原因。我提出了一个假说"也许是因为'幸福洗脑'这个名称本身太可怕了"。以此为前提，有段时间我把商品品牌改为了英语"BRAINWASH（洗脑）"。

但"我希望你不要改"这样的声音纷至沓来，我自己也对新名字感到不适。

果然，像"拉面二郎"之类油腻的东西受人追捧一样，这个项目的核心也是极不正常的东西。

我明白了这个令人瞬间感到不安的四字成语是必不可少

的，于是立即把品牌名称改了回去。

如果不是因为品牌名称，难道是因为价格吗？

不是的，一旦设定"以4000日元出售"，就会明显动摇原本的观念。成本较低的商品以高价出售，这种具有挑衅姿态的品牌核心，是不可动摇的。

我做了所有人认为不可能的事，而且还把作为新人完成的事当作一种娱乐。正是因为这种营销方式，所以才成了受大家关注的热销产品。

这么一说，那改变什么好呢？

我能看到的就是商品陈列的数量较少。

只有T恤和汗衫，选择面过于狭窄。

虽说如此，但如果要增加品类，就要花费很多时间，并且这也和"半年跑完"以速度取胜的项目不相符。

"幸福洗脑"成为全国制造者的平台

解决这个问题的方法是"共同协作"。

"请让我和'幸福洗脑'合作吧",过去就有很多生产者向我提出过这个建议。

在对这些提议一一研究讨论后,我发现能提供优质产品的企业非常多。

例如茨城县土浦市的齐藤棉店提出:"是否可以把我们的主推商品'棉枕'以'幸福洗脑枕'的名义出售?"

我接受了他们的提议,试着使用了他们寄来的枕头,发现质量非常好。于是,我们也做出了肯定的答复,"给枕套印上'幸福洗脑'的商标然后出售吧!"同时,我还在广播节目现场给店主打了电话,听众们也全程聆听了我们的交谈。

顺便说一下,店主是个非常无欲无求的人。虽然作为手工匠人制作了非常出色的寝具,但既没有网店,也没有网址,连微博也几乎不更新。

是的,这就是第2章提到的那种虽然内容很好但对销售方法毫不关心的"浪费"模式。

这样的话,他与因内容不足而苦恼、以销售方法决胜负的我,简直就是完美无缺的组合。

除此之外,我还和其他内容虽然很好但销售环节薄弱的手工业者合作，增加了一个又一个商品序列。

但是，由于库容有限，我们采用的机制是先展示商品，再接受客户订货。就这样，"幸福洗脑"成为全国各地手工业者的销售平台，我也找到了新的经营模式。

一开始抛出极具争议性的话题吸引大众目光，这也是对其他企业进行内容引进这一发展战略的立足点。

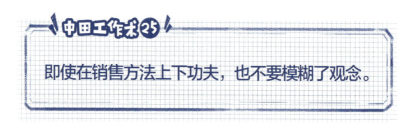

中田工作术25

即使在销售方法上下功夫，也不要模糊了观念。

正因为在其他行业，才能贯彻不合常理的创意

工 作
做自己想做的
2．0

有人觉得"中田确实很厉害啊，这种事如果没有经营才能是做不成的"。

不是的，就像我多次说的那样，我所做的事仅仅是"想做就做"。

我的感受是：不要有外行的自卑感，即使被人嘲笑也不要在意。只是要宣布"我想做这个，这就去做"，把自己逼到无法回头的境地。仅凭做到这一点，就会遇到十分有趣的事。

还有人说"正因为你是名人才能做到吧？"

确实，我在这次经营中利用了我的知名度。

但即使没有名气，也会利用其他什么吧？只不过我能利用的优势正好是名气罢了。

"有名"本质上到底是什么呢？

就算是我，从世界范围内来看也是无名之辈。

社交女王，同时作为时尚界标志性人物受到关注的渡边直美在世界上的知名度比我高得多。

但我并没有因此而感到自卑。一旦开始想这种事，那么只要自己没有成为地球上最有名的人，就不得不持续感到自卑。

认为"中田有名而自己无名"的人，也不必抱有自卑心理。那个人在周围的人中就属于有名的，家人、朋友、同事、邻居等应该都认识他。也就是说，有名和无名只是程度上的差别。

我们不要和别人比较，把目光转向自己所拥有的东西、所处圈子的范围还有兴趣的所在吧。

"但最后不是会出现才能的差别吗?"也有人会这么想。

这也是程度的差别。

世界上确实存在被认为是超级天才的人。但这类人要么在和凶恶势力做斗争，要么在从事改变人类未来的研究，也就是说他们身在和我们无缘的厉害组织里，也许正在拯救世界。

我和这类人不同，只是非常普通的人。

来参加沙龙的成员、来观看现场演出的粉丝以及作为读者的你们，与我的才能相比，可以说是"大同小异"。

如果在才能差不多的人中间产生差异，那恐怕是因为志向的有无了。

差别只在于你是否说出志向、是否将其落实到行动中。

工 作
做自己想做的
2 . 0

所以让我们不要害羞，大声说出"我想要做这个！"
然后就只剩下行动了。

中田工作术26

说出想做的事，坚持做说出口的事。

工 作

做自己想做的

2 . 0

毫无所知地投入新世界，从这个意义上看，2018年5月成立的线上沙龙"NKT Online Salon"也是一样的。

近年来，我对堀江贵文、伊藤春香还有同行西野亮广所创办的这种会员制线上服务很感兴趣。

我完全不知道他们在做什么、能做什么，但我想就从一无所知开始吧。

首先，凭借良好的交情，我拜托西野亮广让我加入了他的沙龙，在感受过氛围之后自己也开设一个。说鲁莽也真是鲁莽。

但我觉得这样就可以了。因为博客、推特、脸书（Facebook）最初也是通过一部分好奇心强的人传播开来的。

就算如此，向会员募集会费这种机制又是什么？

是粉丝俱乐部那种形式吗？是不是只要向他们优先出售门票、举行线下见面会就行了？……我一头雾水地成立了沙龙。

渐渐地，我了解了沙龙需要的更多要素。

线上沙龙是一种"补习班"。

因为线上沙龙是以脸书（Facebook）为基础的，所以全员都以实名方式入会。因为大家在对自己的言论承担相应责任的前提下成立了团体，所以秩序比推特好得多。诽谤、中伤都不会发生。

因此,聚集在这个团体的人都有上进心强的特点。

想知道经营的秘诀、想知道业界的信息、想提升技能等,追求某种"输入"的人在这里聚集。这里成了会参加研讨会或研究会、"自我意识高"的人汇聚的场所。

随着会员的增加,我开始思考这里也许能成为发掘人的才能和可能性的地方。

在线上沙龙募集"想做的事"

上进心强的人组成的集体,作为牵头人,我该做什么呢?

我想不外乎是提供课题吧。

于是,我上传了一条叫作"试着说说想做的事"的消息。

我想,就算有了这个提议,大家也不知道该说什么好,所以就先写了自己想做的事。

"虽然我参加了演艺、作曲、出版、演讲等各种活动,但最后我还是想自己创办一个综合性演艺公司。"

151

工 作
做自己想做的
2 . 0

"我希望吉本兴业的搞笑艺人能和吉本在同一个领域，不，也包括在日本艺人事务所株式会所（LDH）、杰尼斯等公司的领域，培养出从事搞笑、音乐、影像等领域的表演者，并为他们创造发展的空间。在这种条件下，如果想跟我一起工作，那么我希望你们也要坚定地说出自己想做的事。"

我呼吁之后，大家陆续有了反应。

"因为我喜欢现场演出，所以想当演出的工作人员。"

"因为我有设计方面的知识，所以想做演出周边。"

"我喜欢时尚，想做服装。"

"我使用微博的时间很长，所以能写活动的报道。"等。我收集了各种各样的"想做的事""能做的事"。

于是，我把最先举手的人任命为"××部"的领导者。

成立了设计部、音乐部、时尚部、记者部等好几个部门。

特别的是有一个叫作无障碍部的部门。

成立这个部门契机来源于使用轮椅者的提问："有一个帮助我行动的人，我们需要买两张现场演出票吗?"

如果回答"这样的话就买一张吧"，总会让人感到心里有点儿不舒服。

于是，我决定在普通人3500日元的门票之外再制作"双人票"，向跟协助者一起来的人、带小孩的人收取2人共5000日元的费用。

以此为契机，我成立了无障碍部，除了坐轮椅的人，还掌握了应对具有各种不利条件的人的诀窍。

以上的行为发生在短短的一周内。

沙龙在成立一周后就召集了200多名会员，大家互相聊天、成立小组，业务体系建立后，人数进一步增加了。至此我完完全全地体验了一个公司形成的过程。

希望你们可以说出"看似无理的目标"

一旦成立部门，就需要布置个别任务。

于是，我进一步发出了这样的具体倡议：

"记者部的各位，请大家试着考虑下这次出版书目的标题方案。"

"设计部的各位，我们在下次现场演出中推出沙龙首发的商品吧。"

同时，开始鼓动大家随时说出"自己追求的目标"，也算是"说出不能轻易达成之事"的附加规则。

我说："想成为时尚设计师、想成为女演员等，什么都可以，我希望你们敢于对重要的事发出宣言。"

当然，这需要勇气。我得到了不少如害羞、没自信之类的反馈。

这也许是因为有人在这之前一直受到周围人冷漠地对待。

在世上人们总是动不动就给有野心的人泼冷水。

说"肯定不行啊""想法过于天真"来否定他人的潜能，说"这个现在已经不流行了"来对别人的想法进行批判。

但你在那里意志消沉、闷闷不乐是不会有任何进展的。不管别人怎么想都要不断表达自己的想法，帮助成员培养出这种心理素质，也是我的重要任务。

梦想和野心，一旦说出口，就向实现迈出了一步。因为如果告诉了别人，就产生了责任。

如果说出"我要上东大！"，那么之后的行动就会受人监督："是吗？原来如此。那你现在努力学习了吗？"

如果做出了宣言，你就不得不采取行动。

对，这里也应该"想做就做"。既然已经说出口，就只能去做。

说出"想做的事"，然后说了就去做。

把"想做的事"和"做成的事"联结起来的，原来就只是这两点。

请珍惜"虽然不太明白，但还是想做"的心情。

第 5 章

了解时代并创造利益

中田式创意思考法

在每天的消费行为中
蕴含着经营的启示

在拥有意愿的人和具备能力的人之间建立动态关系网。

这是与未来时代相适应的"新型工作方式"。

最后一章我要谈一谈在这种工作方式中"产生利益的诀窍"。

工作是产生利益的行为。不仅要"用新方式工作",也不能忘记工作实际上是在追求利益的观点。

从小窍门到日常生活中发现你应该具备的心态。

自古流传下来的普遍智慧到有效利用前文内容而产生的新想法。

这一章,我将告诉大家我曾经实践过的事、目前正在实践的事、今后想实践的事,还有想要奉劝大家的事。

在前文中大家应该都明白了我是个喜欢在"销售方法"上花心思的人。相关的做法有很多,我先介绍一下最简单的策略。

在销售商品的工作中,我在制作印有"RADIO FISH"字样笔记本的时候学到了最深刻的一课。

这个笔记本最开始完全卖不出去。

即使堆放在演讲接待处的座位上,也没有人理睬。

我在演讲的内容中提到了笔记本的话题。

我补充说："我会和购买笔记本的人一起拍照。"一说完，购买人数就开始暴增。

我加上拍照特权之后就卖出去了。这也是有可能的。

但不仅仅是因为这个。

还因为我选择的销售时机不是"演讲之前"而是"演讲之后"。

秘诀就是：活动结束后，抓住观众热情上升到顶点的时机提醒大家购买商品。

每个人应该都有这样的经验：在观赏电影之前觉得宣传册"没什么用"，但在欣赏完毕后就会情不自禁地买一本。

两者的原理是一样的。

日本寺庙的"护身符"为什么畅销？

时机"前与后"表现出的明显差异，还有"游乐园纪念品店"的例子。

如果进入不受欢迎的游乐园，就会发现纪念品店大多都固定在入口附近。

与此相反，迪士尼乐园的纪念品店就遍布整个乐园。

在观看特别节目后，自然而然地把顾客引导至相关商品销售处，也成为一种活动路线。因为这样可以把客户的观后热情和购买欲相联结。

这种购买欲就是指"我想买回去留作纪念"的欲望。

在经历过感官体验后，人们会想"把那种记忆用某种形式留存下来"。

我想，这种想法的根源大概在日本"寺庙"吧？

去寺庙的目的是"参拜"，绝对不是为了买东西。但人们为什么会突然买"护身符"呢？这也是因为想把参拜的体验以某种形式留存下来作为纪念。

想到这个，我把"护身符"也加在了商品列表里。

然后，我又在演讲中讲述了这件事，并向大家补充说明了一个"内幕"：我是出于以上原因才制作了护身符。

于是，销量果然飞速上涨。

原因在于"刚刚听了护身符的故事，我想买一个作为纪念"。

自从开始使用这种"纪念型"销售方法后，线下销售总是大受欢迎。即使没有握手、拍照这些"赠品"，也能卖得不错。

　　思考平时无意中享受到的服务之成因，并将其转移运用，可以说是使商业成功的一种手段。

中田工作术28

思考身边的服务和商品为什么畅销。

想法没什么
了不起

工 作
做自己想做的
2 . 0

　　我屡次听到这样的疑问："中田先生总是透露想法的内幕，难道不担心被模仿吗？"

　　我一点儿也不担心。或者说我反倒希望大家拼命来"盗取"。

　　因为有人"盗取"就证明我的想法很好，对我来说是件开心的事。如果有了追随者，市场就会扩大，我们也能期待两者产生的协同效应带来更好的销量。

　　而且，我本来就不觉得想法这种东西有多么"了不起"。

　　当一个人想到什么的时候，恐怕会有其他人和他抱有同样的想法。因为想法来源于需求，而任何人都能感受到需求。

　　例如，《武勇传》使Oriental Radio组合突然爆红。但当时，除了我们之外还有好几组搞笑艺人在着手准备类似的"节奏段子"。因为它预示了流行的趋势，所以不仅仅是我们在关注。歌曲《完美的人（PERFECT HUMAN）》爆红也一样，因为电子舞曲（Electronic Dance Music，缩写为EDM）也属于当时的流行"关键"领域。至于前文提到的"幸福洗脑"，我将有效利用广播等媒体，和那些正在烦恼自己如何进行内容营销的人一起合作。

　　综上所述，只要是在该领域从事经营活动的人，大家都在思考，也都能意识到"这个世界缺乏什么、需要什么"。

"这么说来，事情总会成功的了？"有人可能会产生这种模糊的想法。

也就是说，大家都能满足"做到"的标准。

至于之后到底是谁第一个执行，就只能根据大家"触线"的细微差别来判断了。

若要对此做出进一步解释，其言下之意就是"行动者获胜"。

因此，我认为谁第一个拥有这种想法并不是很重要，就算是自己头脑中灵光一现的想法，"也一定早有别人想到"。

毫无限制地披露自己的想法也是出于这个原因。

中田工作术29

想到好主意就立即行动。

在社交平台上
说真话！

说到"揭露",关于我家的事我也毫不隐瞒地讲述。因此,虽然好事坏事都有,但那个"停止做一个好丈夫"宣言,至少在家庭内部带来了好的结果。

在我向媒体表示自己要当一个好丈夫、好爸爸的时候,妻子非常痛苦。

为什么呢?因为一直被周围的人说"你丈夫太棒了!""我想让我丈夫也学一下!"

这样一来,妻子总会不由自主地去在意我做得不好的部分,"不是的!他家务做得明明不完美……"

如果想发泄一句不满,就会被人说"你真挑剔啊",这种苦闷不难想象。

但是,在发布"停止做一个好丈夫"的宣言后,这种风向全然改变了。

世人一致抨击我。因此,妻子就变得非常轻松。

"太过分了!""好可怜啊!""这难道不是精神暴力吗?"当同情的声音集中在一起时,这次妻子把目光转移到了"我做得好的部分"上。

即使比不上宣言之前,但现在的我比世人所想象的丈夫要

工 作

做自己想做的

2 . 0

好得多。

因此，每当我被世人谴责的时候，妻子就会回忆起这样的幸福片段：给孩子洗澡的我、两人外出吃饭的午后、一起看剧的温馨之夜、一家四口并排睡觉的安宁……

这么一想，我的脑海中甚至浮现出这种假设：真正的"好丈夫、好爸爸"也许是世人认为的那种"坏丈夫、坏爸爸"……

至少不被别人当作好丈夫的人，家庭更和睦。

我把这种"内情"都说出来了，也许是不行的。

"没必要特意公开家庭的内部情况吧？"我也受到了很多这样的指责。

但我想我今后也只能"原原本本"地传达。我打算不管是在广播中还是社交平台上，都只表达基于自身体验的真实感受。

为什么呢？因为我觉得这就是我的使命。

过去，有女性发出了"做妈妈不必过于拼命"的声音。我觉得也必须有人像她们一样，说出"做爸爸也不必过于拼命"的话。

虽然不帮忙做家务、照顾孩子的男性占了大多数，但也确实存在正为之努力的人。能干家务能养孩子，能做工作又会打

168

扮，好爸爸的尝试永无止境。对于人们鼓励这种行为的倾向，作为亲历者有必要发出真实的声音："我们是不可能达到那种程度的！"

现实中，与女性相比，习惯互换对家庭看法的男性非常少。而且，在能论述"家庭工作两不误"的名人中，几乎没有男性。

目前在照顾孩子的同时全力投入工作，并且具有一定影响力的30岁男性，恐怕就只有我了。

站在这个立场上，我希望我能为男性、为社会提供"思考的机会"。

不必在意别人的看法

这样的我，今后也会经常受到抨击吧。

即使不是这样，我也容易被人随意地误解成"傲慢的家伙"。

"上升欲望强""觉得除自己之外别人都是智力障碍者"等，不同的人对我抱有不同程度的坏印象。广播中的发言片段被人截取放到网上，经常招致误解。

读到这里的朋友，我相信你们一定知道：我持有的想法与"上升欲望"完全相反，我尊重身边人的能力和个性，我并不觉得只有自己聪明。（如果说错了，我道歉！）

但在世人看来，我就是傲慢的形象。我觉得对于这一点我已经"没有办法了"。

被塑造成与真实的自己完全不同的形象，我并没感到多么焦虑。虽然我觉得不可思议，但也没有为此发愁。

因为我没有机会直接跟讨厌我的人见面。把我写得很糟的记者没有来我这儿采访，在网上指责我的人也没有直接把这些话扔给我。

在我身边的是家人、朋友，还有跟我一起工作的人。我觉得如果这些关系融洽愉快，就没有什么可介意的了。

也许是受到社交网络时代的影响，越来越多的人过度在意别人的看法。但为了给大多数不确定的人留下的印象而处处苦恼，这种行为是没有意义的。

因此产生的印象也是十分容易改变的。

曾被人当作"好人"的艺人突然因为某件事反转而成"坏

人"，这种事屡见不鲜。相反地，非常惹人厌的艺人，不知什么时候因一点点小事而变成"好人"的情况也经常发生。

但认定"好人"的理由是什么呢？

这大概来源于艺人在电视节目和广告中展现的整体形象及描写艺人"在现场关心工作人员"等事迹的报道，都是些没什么说服力的证据。一个人真正的为人，除了与自己亲近的人，其他人是无法轻易了解的。

世人的眼光就是那么不可靠，对别人的看法都基于片段化的信息捕捉，被夸赞、被抨击、被遗忘……都只发生在当时。

正因为如此，不要在社交平台上说谎，同时只需要珍惜现实中身边的人、与自己日常生活密切相关的人。

这不就是在这个时代活得轻松的秘诀吗？

中田工作术30

不管别人怎么看，勇敢地说出"只能对自己说的话"。

要真心尊重
成功案例

在"我如何看待对方？"中也蕴含着重要的智慧。

大家如何看待"已经成功的人"和"被赞赏的人"呢？

是不是有时候会情不自禁地嫉妒呢？特别是当成功者和自己具有相同特点的时候，嫉妒心会变得更强。

例如，30岁左右的女性一看到"25岁年销售额达几亿的美女企业负责人"这类专刊报道，心中就会不得安宁。看了照片后，就会不由自主地说出"她也不是什么美女嘛"之类的话。

但此时还是真心尊重更好。

因为一旦产生嫉妒，你就会只关注不好的事，从而忽视其他应该学习的点。

话虽这么说，但其实我也容易嫉妒，有时甚至会因和我经营类型完全不同的案例成功而感到懊恼。

但我一旦意识到这种想法，就会把它放到一边，努力承认对方"了不起"，然后寻找这个成功案例的闪光点。

例如，章鱼烧连锁店"筑地银章鱼烧"经营的"银章鱼烧鸡尾酒馆"。

应该有很多人喜欢这家店吧？

为了探求成功的秘诀，我在工作日的白天去了店里。

工　作

做自己想做的

2 . 0

我发现，虽然既不是午饭也不是晚饭时间，但客人却很满。仅凭这点就令人感到佩服。

接着，一看菜单，发现四个章鱼烧共310日元。原来如此，价格大概是摊位上的一半，正好是填饱肚子的分量。

380日元的鸡尾酒和290日元的瓦罐黄瓜丝，再加上四个章鱼烧组成的套餐定价为980日元。这家店为了让每位顾客平均消费1000日元而精心计算并设计了菜单，这一点也十分出色。

什么是瓦罐黄瓜丝？瓦罐黄瓜丝顾名思义就是在瓦罐中加入切碎的黄瓜丝，是店里的人气菜品。

像黄瓜这种低成本的东西要290日元？

在这里我突然陷入思考。

但黄瓜一装进瓦罐，就不知为何产生了高级感。曾经一度流行的瓦罐牛肋骨也是如此。如果把便宜的食物装入高级的容器，就会提升其价值。

"好厉害啊，他们是怎么销售的呢？"就这样，我一边思考一边观察，又有了许多新的发现。

对于总是在思考"销售方法"的我来说，"银章鱼"的销售方法有很多值得学习的地方，是一次有冲击力的体验。

学了这一点，我立即把"幸福洗脑"的包装纸换成了高级纸盒。这样一来，不少人把它当作送给别人的礼品，买衣服的人也多了起来。

如果我嫉妒成功者的话，就会完全失去这种机会。

如果存在你认为的敌人或是不可战胜的对手，关注并吸取他们的优点是个好办法。

拥有向后辈学习的勇气

在读了伟大艺术家的传记之后，我有时会发现他们身上有着不可思议的共同点。

其中一点就是"对后辈有着强烈的认知"。

据说手冢治虫一直到晚年都在持续关心年轻人的才能。比如，研究年轻漫画家的手法，并持续吸收。

摄影家筱山纪信曾经有一段时间以"SHI NO YA MA KI SHING⊖"的名义创作作品，这也被人认为是意识到后辈存在

⊖ シノヤマキシン：筱山纪信的日语片假名，文中用罗马音标注。

的行为。因为当时势头强劲的年轻摄影师使用的就是片假名。另外，听说他还养成了一种习惯，经常尝试模仿年富力强的摄影师使用的拍摄方法。

他们心中的想法是怎样的呢？

我们一般认为越是权威的人就越"不可能向后辈学习"。但也许正是因为跨越了这个障碍，他们才能成为伟大的艺术家。

虽然在我至今的职业生涯中没有什么伟大功绩，但我会一直重视"向后辈学习"的态度。

过去，我完全复制后辈"8.6秒火箭炮"的段子《Lassen Gorelai》就是出于对他们的尊重，因为我想要认识这些年纪轻轻就火爆的搞笑艺人，并从他们身上学些东西。

随着职业生涯的拉长，"教科书"变得越来越少。那么，就没有办法不从年轻的"轰动制造者"身上吸取优点。

如今我想把"油管"（YouTube）上的博主当作榜样。

如果鱼团（Fischers）、超凡兄弟、水洼羁绊等发展不错的"油管"上的博主在这里，我会积极地去见他们，向他们请教制作有趣视频的秘诀。

这么说是因为我对RADIO FISH的视频制作方法感到力不

从心。"如果想和你们一样受欢迎，什么是必要因素呢？"我向他们请教。于是，他们给我提供了各种各样颇为有趣的观点。

当我在和超凡兄弟说话的时候，我有了一个意外的发现。

他们问我："中田先生，你开的车是什么牌子？"

"日产的塞瑞纳（SERENA）。"

"好令人意外啊，这个真有意思！"

这种事很有趣吗？我身体不由自主地向后仰。

他们的看法是这样的：

YouTube这种媒体，视频提供者和观看者之间的距离非常近。

所以，"油管"上的博主向我们展示的东西会有很强的隐私感，有时会表现得很生动。

在这一点上，由于艺人们把自己暴露到这种程度会冒很大的风险，所以他们的视频不管怎样都会"落入窠臼"。艺人们很难在YouTube上取得突破，大概就是出于这个原因。（其中，受人关注的KAJISAC⊖、King Kong的梶原雄太真是了不起！）

⊖ 日本搞笑艺人。

　　这些话真是令我深思。虽然我还不知道如何把这个理论反映到今后视频的相关事业中，但我觉得像这样听取年轻人的建议，是非常有意义的行为。

　　◢中田工作术㉛◣
　　不管是对待其他行业还是对待后辈，都要先学会尊重。

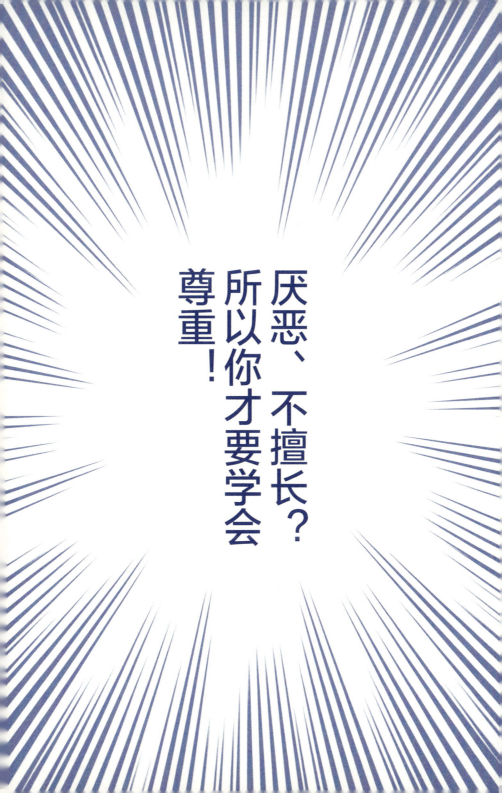
厌恶、不擅长？所以你才要学会尊重！

工 作
做自己想做的
2 . 0

我认为，现在工作不顺利的人一般都隐含着一个共同特点，那就是刚刚说到的"不会学习成功案例"。

在此，我以"地方"的情况举例。

山口县是我度过小学和中学时代的地方，然而听说它现在正因为经济发展停滞而陷入困境。

"我要制作一档关于山口县的电视节目，想请你出演。"在小学同学、现在在日本放送协会（NHK）广岛电视台工作的好朋友的拜托下，时隔多年我再次前往山口县。

朋友说："山口县，真的什么都没有啊。你觉得应该怎么办呢?"

确实，山口县"完全没有"吸引人的东西。

首先，没有观光景点。虽然这里是幕府末期英雄们的出生地长州藩，但没有象征性的建筑物。虽然自然风光很多，但没有出众的风景。

交通也不便利，连县内最大的车站都没有自动检票口，不能使用西瓜卡[⊖]（suica）。电车只有一节，长的也只有两节。

⊖ 日本一种可再充值、非接触式的智能卡（IC 卡）。

没有购物中心。这里虽然是优衣库的创立者柳井正的出生地,却没有"GU⊖"。没有针对年轻人的内容,不,是根本没有年轻人。

至于食物,能代表山口县的美食是……

想到这里,我突然意识到有一种受到年轻人极度欢迎的名酒"獭祭"。

这不正是山口县的希望吗?

我原本是这样认为的,但令人意外的是,在山口很多人并不觉得"獭祭"有多好。

"獭祭"是年轻的酒窖使用前所未有的方法酿造的酒。

原料是加利福尼亚米,使用维持品质稳定的人工智能(AI)酿造。和拥有悠久历史的老店的酿造方法完全不同。但好像这种酒获得的成功并没有让当地的人们感到由衷的高兴。

"那种不使用日本米的酒啊。"

"我不管它使用了什么技术,那种酒就是没有传统。"

"在海外获奖又怎么样呢?"

⊖ 与优衣库同属一家公司,是其"姊妹"品牌。

大家的反应都是一致的冷淡。但这个山口县唯一的希望之光，被当地居民如此厌恶，如何是好？相反地，现在不正是应该向"獭祭"学习的时候吗？

在第3章中我说过"正是存在不足才能发展"。

"獭祭"也是如此。正是在食材资源不能说丰富的山口县，才能下决心使用进口米。为了酿造历史虽然不长但味道不输老店的酒，才产生了灵活运用技术的想法。

对于这样的诀窍，我们应该要认真地倾听。

顺便说一下，我现在在思考，为了激发山口县的活力，是否可以用"獭祭和食物"的组合来吸引游客。

"獭祭"虽然全国流通，在各地都可以喝到，但"只有去山口，才能尝到和当地食物相搭配的美味"。如果能推出这种美食套餐，就可以吸引别人。

例如，把"獭祭"和当地的特产"河豚"相结合，就诞生了最棒的套餐。

如果双方能翻越藩篱相互协作，就一定会碰撞出多种多样的想法。我作为原县民，对山口县的变身翘首以盼。

准备"蛙跳"！

同样，下面我要讲述的话也许会让所有日本人感到不快。

大家有没有为中国的发展而感到"不甘心"？

这里大家也要把嫉妒心暂且放到一边，学着尊重中国，试着观察中国了不起的地方。

例如，现在中国的无现金化非常发达。这一点，日本就算在发达国家中也处于落后地位。在其背后，有着非常有趣的反转现象。

根据某篇报道，日本的无现金化落后是因为日本"太优秀"了。

首先，20世纪80年代的高技术水平。

日本通过技术的灵活运用发明了自动柜员机（ATM），并在所有地方（甚至是便利店）安装了这种设备，市民可以轻松地存取现金。这种程度的良好治安是日本才有的强大优势，但这推迟了日本社会向电子货币转移的进程。

为了保证这种优秀制度顺利执行，银行的立场很强硬，同时无论是国家还是法律都对它进行了严密的保护。因此，没有孕育民间企业提供结算服务的土壤。

反观中国，却走上了一条相反的道路。电子商务巨头阿里巴巴推出支付宝，使通过智能手机进行结算的服务得到迅速普及。

这样的逆袭现象被称为"蛙跳"现象。

在某个领域落后的玩家，通过一次跳跃就能实现反转。

以前的成功者成为如今的失败者。这种现象在商业领域经常发生。微软曾经在电脑界是绝对的胜者，却因为智能手机普及而甘拜下风，就是很好的例子。

那么，如果进一步从反面来看呢？

如果你因蛙跳而被人赶超，现在处于落后地位，那就可以将计就计，利用蛙跳进行回击。

现在的日本若想做到这一点，应该把目光聚焦到哪里呢？

下一代"蛙跳"的旗手是年轻人，他们的想法令人期待。

中田工作术32

如果有开始接触新事物的年轻人或新来者，要毫不犹豫地向他们请教。

工 作
做自己想做的
2 . 0

日本有其他国家没有的东西，其他国家也有日本没有的东西。

为了详细了解相关内容，去国外是非常重要的。

日本人，包括我在内，大家都很少去国外。只是出去旅个行，就能通过对国外的观察来分析"日本的优势和劣势"，这样的人特别少吧。

但我希望今后肩负日本未来的人能多去国外。

去年，我遇到了一个很厉害的高中生。

我们的相遇是在我的演讲上。在最后的答疑环节，穿着校服的少年问了一个令我印象十分深刻的问题。

"中田先生的演讲非常简单易懂。为什么能做到这一点呢？我觉得是因为您的比喻很精彩。那么这样的比喻，您是怎么想出来的呢？"

通过研究成立假说，然后提问。我觉得这是个能够体现理性的绝妙问题。

之后，我回家浏览网页，发现他在博客上发布了一篇名为《我参加了中田敦彦的演讲》的文章。

而且，他的博客名是"高中生周游世界"。

他到底是个怎样的孩子呢？我一边思考一边阅读了他的其

他文章，渐渐明白了这件不合常理的事。

据他说，没有海外经验、基本没有外语能力的他，制订了一个周游世界的计划，现在正在向大家征求支持、开展众筹。

虽然我很想支援他，但是却没发现可以捐款的网络链接。于是，我给他发私信，问："我想帮助你，应该怎么做呢？"

他的回复很快，说他不通过网络汇款而是直接上门来取。也就是说，虽然他住在名古屋，但他要来东京。

"就算募集了资金也会因为交通费而打水漂吧？"这个疑问立即被解开了。

他来东京见我的交通方式竟然是搭车。

"如果对方是男女两人，就会毫不怀疑地让我上车。"他又爽快地告诉我了一个了不起的发现。而且，他的同伴还是在旅途中认识的，"刚刚"成了他的女朋友。

甚至，他说在拿了我的捐助金后，要顺便去东京有明国际展览馆（Tokyo Big Sight）参加立志周游世界的人都会出席的演示大会决赛，所以我感到很吃惊。

第二天我确认他获得了第一名。事到如今，这已经不足为奇了。

这个获得冠军并募集到必要资金的少年，在那之后，立即从成田机场起飞，现在仍在继续他的周游世界之旅。

虽然他兼具才华和活力，但他本人说"我并不是想证明自己很厉害"。

"像我这种不会外语、没有出国经验的人如果能够环游世界，那么大家也一定能做到。我想证明的是这个世界离我们很近。"

这个信念也让我深受感动。如果越来越多的人受到像他这样的人的鼓舞，奔向未知世界，那么日本一定会发生更大的变化。

日本正因为这样的不足所以才可以实现飞跃……

我衷心希望探索这些问题的年轻人的数量能不断增加。

中田工作术33

出国去发现日本的优势和不足。

工 作

2 . 0

这本讲述了很多日本人工作方法的书即将接近尾声。

读完这本书的你，今后会如何积累工作经验呢？那时，我又会从事怎样的经营呢？

未来的事还不知道。

但，我觉得这就是所谓的"希望"。

一年中的第一个早晨，我总会在心中默念："今年还不属于任何人。"

它的前一天——一直到前一年的最后一天，我都还在到处谈论"那一年的总结"。

在新闻节目中回顾年度话题人物或者畅销商品。

以2018年为例，活跃在平昌奥运会上的女子冰壶队、阿卡贝拉组合（DAPUMP）的歌曲《美国（U.S.A.）》、电影《波希米亚狂想曲》等令人记忆犹新。

但是新的一年是"尚未有人引起轰动的一年"。

因此，我每年都想要以全新的面貌去拼搏，想要暂时忘记自己过去所获得的成就。

一旦有所成就，过去获得的成功就会如影随形。我也经常感受到过去的压力：在《武勇传》之后必须有超过《武

勇传》的作品,《PERFECT HUMAN》之后的作品不得不与
《PERFECT HUMAN》竞赛。

但进入新年之后,这种心情也告一段落。我的心中涌现出
一种能量:过去的成绩将以不同的形式发挥新的作用。

我发挥想象力,思考自己将在这张空白的画布上留下什么。

现在,平成时代正要结束,新的时代就要来临。

在我们面前,雪白的巨大画布即将展开。

未来会出现怎样的人?会以怎样的方式和我相遇?又会有
什么新事物产生?

我将如何改变社会?又如何与之发生联系?

我进行了全面而深入的思考,希望大家也能迈出这一步。

这个新开启的时代,要靠大家的双手为之增添色彩。

中田工作术34

把过去的成绩当作白纸,然后认定自己要完
成的事。

当战士成为勇士的
那一天

　　在本书中，我从"经营"的角度叙述了我至今经历的挑战和日常的思考。

　　现在的我依然在从事经营活动，因为我觉得我不能停止前进的脚步，要通过平时不间断的学习来磨炼经营技巧。

　　也许，我的性格会突然变得稳重平和。

　　但我只想强调一点："想做事"的心情将持续不变。

　　我觉得自己就像是角色扮演中的"勇士"——虽然所有人都憧憬这个角色，但实际上他的能力未必是最强的。

　　战士的臂力过人，魔法师会使用魔法，和尚可以给人治病。

但勇士的能力都是半吊子。也就是说，勇士"样样通，样样松"。

那么，为什么与能量更强大的战士或精通魔法的魔法师相比，勇士更容易成为主人公呢？

这是因为，顾名思义，勇士就是"勇敢的人"。

他们把有能力的成员聚集起来，宣称要"打倒魔王"！

我觉得这就是勇士的特点。

我曾经问我弟弟，也就是RADIO FISH的成员FISHBOY：

"作为一个舞者，和单独参加活动相比，像RADIO FISH那样把能边唱边跳的舞者聚集起来参加综艺活动，活动范围是不是更广？"

他回答道："哎呀，我没想过。"这个回答已经说明了一切。因为在RADIO FISH这个项目中，FISHBOY是"战士"。

"那么善于挥剑，为什么打不倒魔王呢？"

"哎呀，我没想过。"

即使战士"想要变得更强大"，他的力量也不会用来讨伐魔王。

我既不是专业舞者，又不擅长唱歌，也没有做过什么衣服。即便如此，我通过创建项目也能够得到大家的赞同。

"我做了一款宽T恤，牌子叫'幸福洗脑'，大家觉得怎么样?"

"这是RADIO FISH的好兄弟FAUST[○]的第一次现场演出，大家都来看啊!"

这种呼吁是我擅长的。

"我想从0到1开创自己的事业，并且向未知发起挑战。"

"我想在社交网络上制造引起轰动的热点。"

"不管如何，反正我就想受世人瞩目。"

如果绝大多数人从来没想过这些，那就先描摹蓝图，然后借助大家的力量去实现自己的目的。

这难道不正是勇士的使命吗?

世上没有人不能成为勇士。无论是在某方面能力出众的战士，还是认定自己一无所长的平民，只要有志向，不管是谁都能当勇士。

如果你觉得"自己做一名战士就够了"，那你完全可以保持现状。这世上有无数个能让人发光的舞台，你只需找到适合

○ 日本组合。

自己的位置。

相反，如果你也想成为勇士，想去体验从未经历过的挑战，想和很多人一起顺利完成项目……如果你期待的是这种生活方式，那么请一定要来我的线上沙龙（详情请访问 nakataatsuhiko.com）。

有无数个勇士会支持你的挑战，当然，我也会竭尽全力做你的后盾。

为了让你能够做自己喜欢的工作过一生，我把全部的精髓都记录在本书中，接下来就只等你去实践了。

我衷心希望，读了这本书之后会有更多勇士站出来。